美丽中国·园林美化绿化丛书

彩叶植物识别与应用

史宝胜　纪殿荣　纪惠芳　主编

IDENTIFICATION AND APPLICATION OF COLOR-LEAFED PLANTS

中国农业出版社

北　京

图书在版编目（CIP）数据

彩叶植物识别与应用/史宝胜，纪殿荣，纪惠芳主编．—北京：中国农业出版社，2024.3
（美丽中国·园林美化绿化丛书）
ISBN 978-7-109-31570-9

Ⅰ.①彩…　Ⅱ.①史…②纪…③纪…　Ⅲ.①园林植物－中国－图集　Ⅳ.①S68-64

中国国家版本馆CIP数据核字（2023）第231806号

中国农业出版社出版
地址：北京市朝阳区麦子店街18号楼
邮编：100125
责任编辑：黎思玮
责任校对：吴丽婷
印刷：北京缤索印刷有限公司
版次：2024年3月第1版
印次：2024年3月北京第1次印刷
发行：新华书店北京发行所
开本：700mm×1000mm　1/16
印张：22.25
字数：440千字
定价：78.00元

编委会

前　言

随着我国经济的快速发展，人们对环境的要求不断提高，对色彩的追求越来越强烈。大量城市空间迫切需要绿化、彩化、美化，彩叶植物以其丰富多变的叶色，日益受到人们的青睐。彩叶植物是指植物的叶片呈现红色、黄色、白色、斑色等异于绿色的色彩。彩叶植物应用形式多样，可作行道树、园景树、风景林、垂直绿化等，可以点植、丛植、片植，在园林中占据重要的地位。如何选择彩叶植物进行园林设计和造园，已成为园林工作者关注的焦点。

近年来，国内外陆续出版了一些彩叶植物方面的书籍，在一定程度上满足了人们的需求。为进一步充实和展示这方面的内容和建设成就，更好地展示彩叶植物在园林中的造景效果、叶色的周年变化和植株的形态特征，我们多学科合作，历时40余年，对我国彩叶植物资源进行了较系统调查、研究和拍摄工作。将拍摄的大量图片数据重新归纳、整理，进行《彩叶植物识别与应用》图书的编写工作。

本书是以彩叶植物图片为主、文字为辅的图文书。书中采用常色叶和季色叶的分类方法排列，以种为基本单元。彩叶植物图片不局限于叶片，还包括植株（树形）、枝条、花、果及造景应用等。此外，图片中尽量涵盖每种彩叶植物的叶色及植株形态的四季变化，以展示彩叶植物的景观特点。每种植物除图片外，还配有300～350字的内容介绍，其中包括中文名、拉丁文学名、别名、科属、形态特征、生态习性、繁殖方法、花絮、欣赏应用等。本书适时加入我国不同城市彩叶植物配置和造园实例，为人们相互交流、借鉴提供参考。为使读者检索方便，书末还附有彩叶植物中文名称索引、拉丁文学名索引和主要参考文献。

本书适合园林、花卉从业人员和相关专业大、中专学生及植物爱好者阅读参考。

本书的出版，得到了河北农业大学领导和专家、教授的大力支持、指导和帮助，在此深表感谢。

限于我们的专业水平，书中有不当之处，恳请读者不吝指正。

编　者

2023 年 10 月

目　录

四　园林中常见的彩叶植物　065

一 概述

　　这是霜秋季节与首都北京毗邻的燕山及张家口坝上的一幅幅自然奇观，是迷人的画卷，更是一首首感人的诗篇。"看万山红遍，层林尽染"，红黄交错，如火如荼，与常绿青翠的松柏交相辉映，那艳丽的色彩、磅礴的气势令人赞叹不已！这是大自然的杰作，也是人们对美的追求！人们渴望生活在这如画的环境中，因此创造多彩的园林景观已成为人类崇尚自然、追求生态美的新潮流，也是当今城乡绿化美化的必然趋势。

▲ 深浅不一的青杨秋色，渲染了北方乡镇美丽的秋景。

▲ 秋霜的画笔涂抹了山林，丰富了整个山林的色彩。

▲ 秋天的色彩，磅礴的气势令人赞叹。

▲ 万山红遍，层林尽染。

▲ 洁白的瀑布，浪花飞溅，在红叶的衬托下愈发美丽。

▲ 漫山遍野的虎榛子被秋天的画笔涂上了深红，与苍松翠柏交相辉映。

（一）植物配置

古人云："山借树而为衣，树借山而为骨，树不可繁，要见山之秀丽；山不可乱，须显树之光辉"。可见，植物对园林造景是不可缺少的。通过科学合理的植物配置，充分发挥植物本身形体、线条、色彩等自然美，构成一幅幅美丽动人、变化无穷的植物景观，才能为人们的生活、工作、旅游提供舒适的环境，给人以美的享受。英国风景园林学家 B.Claustor 认为：园林设计归根结底是植物材料的设计，目的就是改善人类的生存环境，其他的内容都只能在一个有植物的环境中发挥作用。为此，以植物为主体的景观建设已成为当今改造生态环境的必要措施。

▲ 五彩缤纷的秋叶和挺拔的山峰，构成了一幅美丽的风景画。

▼ 深秋为巍峨的高山换上了华丽的外衣，缤纷的色彩渲染了秋的脚步。

▶ 金秋的风吹黄了树叶，染遍了山林，也为高山涂上了秋天的色彩。

▶ 金秋的脚步踏遍了群山，为层叠的山峦披上了五彩霞衣。

▶ 秋季的太行山如童话里的世界，山林被涂上了绚丽的色彩。

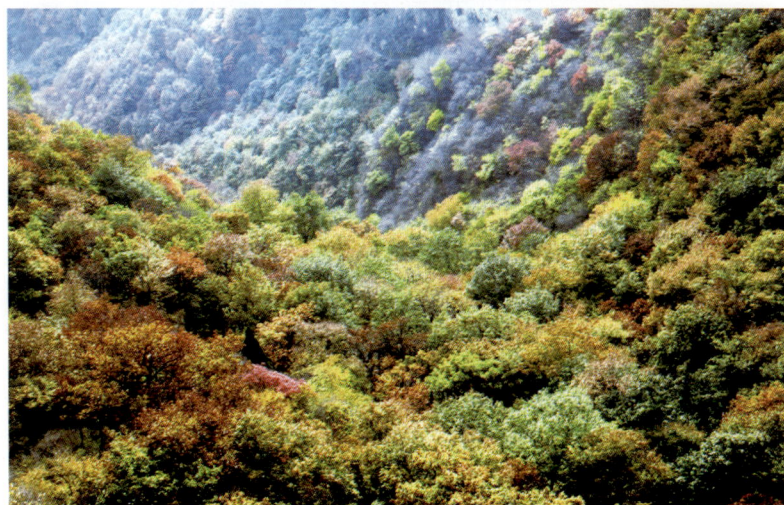

（二）色彩运用

在园林景观中，色彩美是最重要的，是第一位的，丰富的色彩层次成为最易打动人的亮点。而彩叶植物的色彩美，主要表现于叶色，许多色叶植物在其生长期内随着季节变化，叶片往往呈现出不同的颜色，由绿变黄、变红、变紫，从而使园林有了明显的季相变化。绿色是大自然的基本色彩，然而在一片绿色世界中，若没有色彩缤纷，没有不同季相的色彩变化，世界就会显得十分单调和乏味。彩叶植物具有色彩鲜艳、成景快、季相变化多、观赏期长的特点，在现代园林绿化中具有重要作用。

▶ 红、黄、绿等色彩编织成一曲优美的旋律，奏响了金秋的乐章。

▲ 众多彩叶植物合理配置，其强烈对比和优美构图，令人叫绝。

▲ 秋天的华北五角枫红黄相间，绚烂艳丽。

▲ 由大叶黄杨、金叶女贞、紫叶小檗组成的六边形模纹花坛，精美别致，色彩艳丽，成为视觉焦点。

▲ 长方形的绿篱在紫叶小檗与金叶女贞的点缀下，形成了富有韵律变化的美丽景观。

（三）风景名胜区

　　彩叶植物在我国园林中的应用历史悠久，反映在我国历代诗词歌赋中吟诵彩叶植物及景观的文学作品比比皆是，不胜枚举。最著名的当数唐代诗人杜牧的《山行》："远上寒山石径斜，白云生处有人家。停车坐爱枫林晚，霜叶红于二月花"。刘禹锡的《秋词》："山明水净夜来霜，数树深红出浅黄"。毛泽东《沁园春·长沙》中的"万山红遍，层林尽染"，都是描写彩叶植物景观的经典名句。

▲ 嫩绿的垂柳和金黄的连翘，为古朴的园林增添了春的色彩。

✿ 北京香山风景名胜区

　　北京香山风景名胜区位于北京西北郊小西山东麓，是一座著名的具有皇家园林特色的大型山林公园。乾隆年间所定的"香山二十八景"中的"绚秋林"就是指这里的红叶。北京香山因杨朔的名篇《香山红叶》和陈毅元帅的诗"西山红叶好，霜重色愈浓，红叶遍西山，红于二月花"的诗词而家喻户晓。香山不仅因香山寺而成名，

▲ 金秋的画笔渲染了色木槭叶色。

更因为漫山红叶的彩叶树种黄栌而著称。这里春季花团锦簇，夏季浓荫蔽日，秋季漫山红叶，层林尽染。每年秋季慕名而来观赏红叶的游客不计其数。

▲ 秋色渐浓，难掩山色朦胧，群松环绕，不失官殿本色。

▲ 对植的色木槭红黄色的叶片与远处一抹淡绿色相协调，使红色庙宇更显庄严。

▲ 细碎的红叶构成天然画框，让苍松环绕的殿宇更加醒目。

▲ 金秋香山黄栌红叶，让人流连忘返。

▲ 那叶色烂漫的黄栌红叶，带给我们秋的信息。

❀ 四川九寨沟风景名胜区

　　九寨沟位于四川省南坪县城西约45公里的岷山丛中，是个佳境荟萃，神奇魔幻的高山峡谷森林景观。景区内群峰、森林、瀑布、湖泊浑然如画，相映成趣。各处景色一日数变，四季各异。原始森林树木种类繁多，金秋季节林间、枝头，黄叶、红叶泛金流丹，与霞光争辉，原始的天然美景，闪烁着迷人的魅力。

▲ 红色的叶片在云雾的映衬下愈发鲜艳。

▲ 蓝天、飞瀑、红叶构成天然的画卷，让深秋具有了多重色彩。

▼ 深绿、浅绿、黄绿、黄色、橙色、橙红等各种色彩的树木倒影在碧绿的水中，山水相接，融为一体，妙不可言。

▲ 秋景如画，在碧波的映衬下，童话般的世界愈发迷人。

▲ 在碧水的掩映下，金黄的枝叶更具风韵。

▲ 红装素裹，分外妖娆，谁能忽略这人间美景？

◀ 白雪与红叶交织在一起，呈现出别样的景观。

（四）古典园林

中国古典园林中彩叶植物的应用，充分体现了儒家的美学观念和回归自然、返璞归真的道家思想。古典园林中的彩叶树种常常不加修剪，或用极少的修剪来展现植物的自然面貌；另外，秋叶树种或丛植水边，或孤植于山崖上，或群植于山坡，都再现了大自然优美、奇异、壮观等景色，从而达到"虽由人作，宛自天开"的境界。

🏵 河北天桂山古刹景观

天桂山位于河北省平山县西南部的太行山东麓，距石家庄市约80公里，是我国北方地区一座著名的山岳古刹型风景名胜区。我国北方较典型的岩溶地貌，亿万年前形成的长期溶蚀，造成了千姿百态的奇峰异石和清泉幽洞，使它既有与桂林山峦相似的秀丽风韵，

▲ 秋景如画，童话般的世界愈发迷人。

▲ 金秋时节，在多种彩叶植物与松、柏的映衬下，庙宇更显雄伟壮观。

又有北国山峰特有的雄浑气势。景区内奇峰险峻，怪石林立，洞泉遍布，银瀑飞泻，林茂花繁，绿荫遮天，雾绕亭阁，云绕山峦，游人拾级而上，恍若来到神仙居住的九重天。

天桂山的秀丽风光，早就引起了古人的关注。明朝末年，崇祯皇帝就命人选址，在此修建行宫，但行宫尚未建成，李自成就攻入北京，崇祯吊死在了景山。后人将行宫改为"青龙观道院"，建有真武殿、苍岩宫、魁星阁等建筑，均在绝壁断崖之上，布局精美，气势恢宏，堂皇典雅，是我国古代建筑的精品。

▶ 蓝天、红叶、高山相偎相依，难掩各自风骚。

▼ 金黄枝叶，难掩绿树松枝风流。

▲ 一汪湖水、漫山的美景，火红、金黄与碧绿成为画面的主色。

▲ 在金黄色的叶片掩映下，红色的楼阁更显庄严。

▲ 在黄绿色的银杏树和巍峨的高山衬托下，古庙尽显宁静。

（五）国外应用现状

国外一些发达国家，彩叶植物的引种、栽培、应用开展较早，园林绿化中，应用了大量的彩叶植物，利用彩叶植物多彩的叶色和季相变化，营造了丰富的园林景观。日本东京的街

▲ 泰国芭堤雅市路边的绿化带，由金黄、银白、翠绿等不同色彩的灌木修剪成平滑、顺畅龙形绿篱造型，为单调的街道增添了一抹亮丽。

▲ 加拿大布查德花园中，紫红的枫叶在翠绿的背景映衬下，愈发醒目。

道随处可见红、黄等各种彩叶植物的配置，其重视彩叶植物的园林应用已有 300 余年的历史；在英国园林中，秋景多由金黄色、鲜红色的秋叶植物组成，极为迷人，其重视彩叶植物的应用也有 200 余年的历史。

▲ 加拿大布查德花园中，绚丽的紫红色成为花园中的亮点，引导游客在鲜花盛开的园林中漫步。

▲ 靓丽的金黄色叶片成为布查德花园的亮点。

▲ 在泰国东巴乐园内，不同颜色的植物被修剪成圆锥形、球形、绿篱等造型，规则的布置在园林中形成了耀眼的风景。

（六）应用前景

随着我国对生态建设的重视和建设美丽中国的需求，我国彩叶植物的应用正处于蓬勃发展时期。如北京是我国开展彩叶植物研究与应用较早的地区之一，在城市园林绿化建设中，大力营造风景林，以追求"万山红遍，层林尽染"的优美景观。上海也筛选出了一批适宜的彩叶植物，以打造"彩色上海"。随着人们对多彩园林景观的追求，彩叶植物的培育、引进、研究、开发应用应进一步加强。

二 我国彩叶植物资源

- 彩叶植物的定义
- 彩叶植物的分类

（一）彩叶植物的定义

在园林植物中，凡在一定的区域范围和立地条件下，整个生长期或生长期的某一阶段，其叶色可以较稳定地呈现非绿色的其他色彩，并且能形成一定景观效果的植物，称为彩叶植物。

▶ 银杏群植秋色景观

▲ 七叶树行道树秋色景观

（二）彩叶植物的分类

我国幅员辽阔，地形复杂，气候多样，能为各类植物提供适宜的生存空间，这使得我国拥有丰富的植物资源。作为"世界园林之母"的我国，彩叶植物资源种类也极为丰富，人们很难用一种分类方法，既包含所有种类，又将各类彩叶植物的特征清晰地表达出来。为了读者选择、应用方便，本书按色彩、彩叶呈现的时间和生态习性等差异，将彩叶植物分为常色叶、季色叶两大类别。

❀ 1. 常色叶彩叶植物

常色叶彩叶植物，是指植物在整个生长期内都呈现彩色叶色，有较高的观赏价值。常色叶彩叶植物，虽然叶色的季相动态变化不甚明显，但其色彩稳定，持效期较长，是园林中的一朵奇葩，也是当前园林建设的主要内容之一。

根据常色叶彩叶植物叶片所呈现的不同色彩，又可分为黄（金）色叶类、红（紫）色叶类、白（银灰）色叶类、斑色叶类等。

● 黄（金）色叶类彩叶植物

植物在整个生长期内叶色呈现黄至金黄色。黄色在自然界中最为明亮，给人以辉煌、温和、光明、快活之感，可发挥景观的中心视点或引导视线的作用，如：金叶榆、金叶女贞、金叶番薯等。

▲ 金叶番薯

▲ 金叶榆

▲ 金叶女贞

● 红（紫）色叶类彩叶植物

植物在整个生长期内，叶色呈现红至紫红色。红色为暖色调，给人以兴奋、欢乐、喜庆、温暖之感。

如：紫叶李、红花檵木、胭脂红景天等。

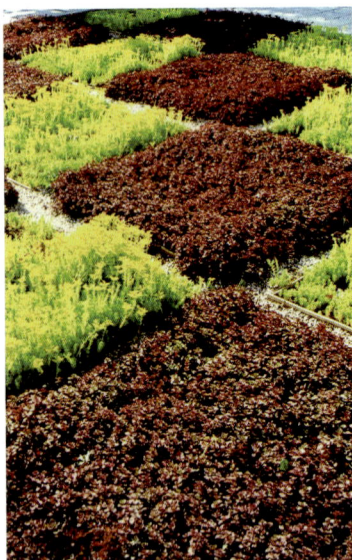

▲ 胭脂红景天花坛配置景观

▲ 紫叶李

▲ 胭脂红景天

▲ 红花檵木

▲ 沙枣古树景观

● **白（银灰）色叶类彩叶植物**

植物在整个生长期内，叶色呈现白至银灰色。白色具有明显的协调作用，与冷、暖色调搭配均协调。

如：沙枣、银叶霸王棕、雪叶菊等。

▲ 沙枣

▲ 银叶霸王棕

▲ 雪叶菊

● **斑色叶类彩叶植物**

植物在整个生长期内，叶色呈现两种或两种以上的色彩，包括嵌色、镶边、斑点、脉纹等，色彩间有明显的轮廓界限，可以形成不同的图案效果。

如：金心香龙血树、花叶木薯、马蹄纹天竺葵等。

▲ 金心香龙血树

▲ 花叶木薯

▲ 马蹄纹天竺葵

❀ 2. 季色叶彩叶植物

季色叶彩叶植物是指植物在其生长期内的某一阶段呈现彩色叶色。该类植物是彩叶植物中类型最多、色彩谱系最丰富、生态景观最显著、选择应用最广泛的彩叶植物资源。从彩叶性状显现的季相特征观察，主要分为春色叶类、秋色叶类两大类。

● **春色叶类彩叶植物**

春色叶类彩叶植物是指该类植物的彩叶多形成于春季，刚萌发的新叶呈现不同叶色的植物。该类彩叶植物在园林中相对较少，呈现的时间也较短。

红（紫）色叶彩叶植物

如：七叶树、紫叶碧桃等。

▲ 紫叶碧桃

▲ 七叶树

● **秋色叶类彩叶植物**

秋色叶类彩叶植物是指该类植物的叶片在秋季呈现显著的彩色叶色。其主流色系有黄（金）色叶、红（紫）色叶两大类别，植物的类型以木本居多。

① 黄（金）色叶彩叶植物

如：银杏、棣棠等。

② 红（紫）色叶彩叶植物

如：柿树、火炬树等。

▲ 棣棠

▲ 银杏秋色景观

▲ 银杏

▲ 火炬树

▲ 柿树

三 彩叶植物的配置

- 配置原则
- 配置形式
- 配置实例

（一）配置原则

完美的植物景观，要满足植物与环境的统一，要通过艺术构图原理，体现出植物的个体与群体的形式美，以及人们在欣赏时的意境美。彩叶植物色彩丰富、观赏期长、季相变化明显，能创造出富于变化的园林植物色彩景观。在进行园林彩叶植物配置时，既要考虑彩叶植物的生物学、生态习性和观赏特性，又要考虑季相和色彩的对比和统一，以及意境表现的艺术性，将彩叶乔木、灌木、草本等因地制宜地配置为适宜的生态群落，使种群间相互协调，构成和谐、有序的园林绿地生态系统。

❁ 生态适应性原则

不同的彩叶植物有不同的生物学、生态学特性，对立地条件及环境有不同的要求，包括地理纬度、海拔高度、地形地势、温差及光照等。彩叶植物只有在适宜的生态环境下，才能充分显示其色彩美。如金叶女贞、紫叶小檗等为喜光植物，只有在全光照下，才能充分显示其色彩美，一旦处于半阴或全阴的环境中，叶片会逐渐复绿，失去彩叶效果，而且树势也会减弱；花叶玉簪喜欢生长在半阴的环境中，一旦强光直射，就会引发生长不良，色彩减退，甚至死亡；山桃为秋色叶彩叶植物，在海拔较低的城市，秋叶变化不大，而在同一区域海拔

▲ 紫叶黄栌是春的使者，紫红的叶色是初春的信号。

较高的山地，秋叶就会变成鲜艳的红色；紫叶黄栌早春全株叶色紫红，而至夏季随着光照增强，其叶色逐渐变淡，只有枝端少数叶片还保持原色。依据上述原因，特别提示彩叶植物苗木从异国异地大量引种前，一定要先行试验，待成功后再大量引进，以防因苗木水土不服而造成经济损失。

彩叶植物中，较适宜我国东北地区应用的有：落叶松、白桦、五角枫、五叶地锦等；较适宜华北地区应用的有：银杏、黄栌、柿树、黄连木、槲树、火炬树等；较适宜黄河流域应用的有：榉树、乌桕、水杉、金叶女贞、紫叶李、羽衣甘蓝等；较适宜长江流域应用的有：枫香、鹅掌楸、红花檵木、鸡爪槭、菲白竹等；较适宜热带及亚热带地区应用的有：红桑、变叶木、黄金榕、金叶假连翘、红叶朱蕉等。

▲ 高海拔的山桃，因温差变化较大，秋色红艳。

▲ 金叶女贞在全光照下，叶色金黄。

▲ 花叶玉簪喜欢半阴的环境，光线过强会造成生长不良。

▲ 初夏，随着光照的增强，紫叶黄栌叶片颜色逐步转绿。

▲ 金叶女贞在光照不充足的环境下，叶色返绿，而且生长不良。

▲ 生长在低海拔处的山桃，因昼夜温差变化较小，秋季叶片为黄绿色。

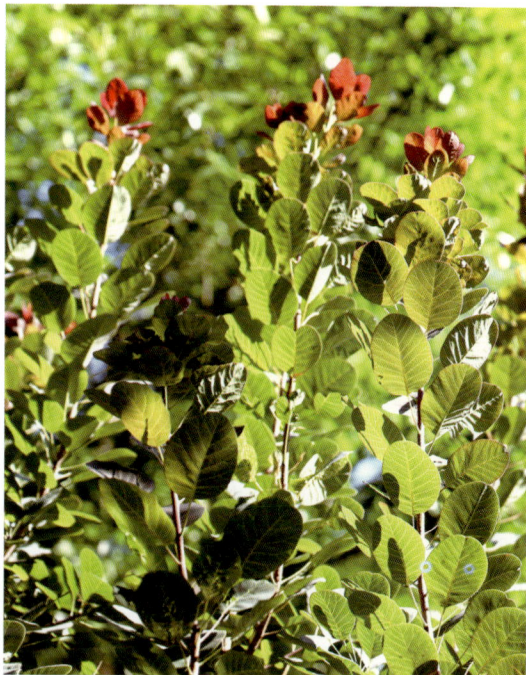

▲ 夏季，紫叶黄栌枝条顶端仅有少数叶片呈紫红色。

❀ 季相变化原则

　　彩叶植物的色彩应用是植物造景成败的关键之一。彩叶植物不仅有季相变化，而且不同植物的形态、色彩也存在差异。因此，在彩叶植物配置时，应充分考虑到不同植物的季相变化，将不同花期、色相、形态的植物协调合理搭配，使园林景观随季节变化而更替，

▲ 初春，由紫红色叶的七叶树组成的行道树景观，成为校园里一道亮丽的风景线。

达到色彩多样、富有变化、四季有景的效果，避免城市绿化陷入雷同、单调、乏味的状况，从而赋予园林多彩变化的勃勃生机。

▲ 金叶女贞、紫叶小檗和大叶黄杨组成的彩叶植物花坛，与周围的楸树、绿篱等配置在一起，凸显庭院景观层次的丰富性。

▲ 金叶女贞、紫叶小檗和圆柏组成的绿篱图案，在紫玉兰的映衬下形成了色彩丰富、错落有致的景观。

▲ 在绿道和金叶的映衬下,观赏海棠的红果愈发鲜艳。

▲ 群植的金叶榆树球,规格统一、色彩鲜艳,充分表现了植物的群体美。

▲ 紫叶碧桃与绿色灌木形成颜色的对比,乔木与灌木的搭配很好地修饰了湖边景观。

▲ 叶色紫红色的紫叶李与白色的猬实花形成对比,植株的高低划分出景观的层次感,分隔了空间,装点了建筑。

▼ 金秋时节,北京北海公园婆娑、金黄的垂柳与湖面相映成景。

❀ 协调统一原则

　　彩叶植物色彩极为丰富，在进行配置时应因地制宜，要注意彩叶植物之间、植物与周围环境的条件，进行合理的色彩搭配，符合美学原则，尽可能达到协调、统一。通常在体量大的建筑物前，应采用彩叶乔木或成丛成片的彩叶灌木、花卉等进行搭配；将黄、金黄及较浅色的彩叶植物栽植于深色建筑物前；将红（紫）色叶及较深色的彩叶植物栽植于浅色的建筑物前；将斑色类的彩叶植物栽植于深绿色的针叶树前。

▲ 红色的彩叶草与绿色的黄杨交错搭配，组成动感强烈、对比分明的大地景观。

▲ 金叶女贞、紫叶小檗、圆柏和玉兰配置在浅色建筑物物前异常醒目。

▲ 在浅色建筑前，盛开的日本晚樱、鹅黄的柳枝以及金叶女贞、紫叶小檗等的配置，愈发醒目。

▲ 金叶女贞、紫叶小檗块状状绿篱与银杏配置，在浅色建筑物前形成既有对比、又和谐统一的景观。

▲ 红边朱蕉在绿色植物的映衬下，格外亮丽。

▲ 北京金融街浅色建筑与金色的银杏树群相配置，达到了和谐统一的景观效果。

▼ 多种观赏植物有机组合，形成构图优美、色彩艳丽的花坛景观，给建筑增添了宏伟气势。

❁ 特色文化内涵和意境表达原则

彩叶植物是有生命的活体，是园林造景中的主体之一，历来对于在什么地方栽植什么植物常常带有明显的感情色彩。如在中国皇家园林植物配置中，为显示帝王至高无上、威严无比的权力，常选择姿态苍劲、意境深远的中国传统树种：油松、银杏、海棠、玉兰、牡丹等，而且采用多行规则式种植；江南园林则重视主题和意境，显示小巧玲珑、精雕细琢，多在墙角、曲径处栽植松、竹、梅等象征古代君子的植物，体现文人像竹一样的高风亮节，像梅一样孤傲无惧的思想境界；寺院、陵园建筑与植物的配置主要体现其庄严肃穆，多选用银杏、松、柏、七叶树、樟树等。

▲ 唐山遵化禅林寺前，遍植的古银杏枝干挺拔，郁郁葱葱，秋季叶片变黄后更是壮观美丽。

▲ 在古油松林中，保定易县清西陵的建筑显得愈发庄重、威严。

▼ 唐山遵化清东陵，在苍松翠柏的掩映下，古建筑显得宏伟壮观。

在中国传统文化里，植物都具有一定的象征意义，这也是古典园林创造意境美的源泉之一。从古至今，中国园林就有"以诗情画意写入园林"的优良传统。"绿杨影里，海棠亭畔，红杏梢头"，这就是植物造景的意境。"梧阴匝地，槐荫当庭，插柳沿堤，栽梅绕屋""夜雨芭蕉，似杂鲛人之泣泪；晓风杨柳，若翻蛮女之纤腰"，每一种植物的栽植都强调了其所表达的园林意境。

▲ 北京中山公园列植的侧柏古树，烘托出威严、庄重的气氛。

▲ 石家庄市天桂山的古银杏，树干挺拔、枝叶茂密，与建筑物相辅相成，非常美丽。

▲ 北京天安门广场，掩映在青松中的毛主席纪念堂，庄严肃穆。

▲ 粉墙黛瓦间的红枫叶片，在宁静典雅中不失灵动之感。

▲ 南京中山陵，苍松翠柏庄重而宁静，衬托出古建筑之美。

（二）配置形式

彩叶植物的配置形式多种多样，千变万化。常用的配置形式有：孤植、对植、列植、丛植、群植、林植、绿篱、棚架、盆栽及悬挂盆花、花坛、花境、地被及草坪等。

🎴 孤植

孤植是指乔木或灌木的孤立种植形式。孤植并不意味着只能栽一株，有时为了构图需要，增强其雄伟感，同一树种的树木可以 2 ~ 3 株紧密地种植在一起，构成一个单元，以突出表现该树种的个体美。彩叶植物色彩醒目，可作为景观中心和视觉焦点，起到突出景观、引导视线的作用。

孤植彩叶树木一般作为主景，常配置在大草坪或灌木林地的构图重心上，一般应选择开阔空旷的地点，如大片草坪、花坛中心、道路交叉点、缓坡、平阔的湖池岸边等处，四周留出的空旷地要符合人的最佳视觉需要，其半径一般为该树成年期高度的 4 倍以上。适宜孤植的彩叶植物有：樟树、枫香、三角枫、樱花等。

▲ 樱花孤植景观

▲ 枫香孤植景观

▲ 枫香孤植景观

▲ 樟树孤植景观

🌼 对植

对植是指同种两株或同类两丛规格基本一致的树木，按中轴线左右对称栽植的应用形式。对植常用于建筑物前、广场入口、大门两侧、桥头两旁、石阶两侧等，起烘托主景的作用。在自然式种植中，不要求绝对对称，对植时保持均衡即可。对植也可以是2株、3株树或2个树丛、树群，在园林艺术构图中只作配景，动势向轴线集中。主要强调公园、建筑、道路、广场入口，同时结合庇荫、休息之所，在空间构图上作为配景。适宜对植的彩叶植物有：栾树、银叶霸王棕、龙爪槐、黑紫叶橡皮树等。

▲ 黑紫叶橡皮树对植景观

▲ 栾树对植景观

▲ 龙爪槐对植景观

▼ 银叶霸王棕对植景观

❖ 列植

　　列植是指树木成行列式种植，有单列、双列、多列等方式，其株距与行距可以相同也可以不同。多用于道路上的行道树、绿篱、防护林带、整行式园林的透视线、果园、造林地等。此种形式有利于通风透光，便于机械化管理。适宜列植的彩叶植物有：银杏、青杨、金叶复叶槭等。

▲ 银杏列植景观

▲ 金叶复叶槭列植景观

▲ 青杨列植景观

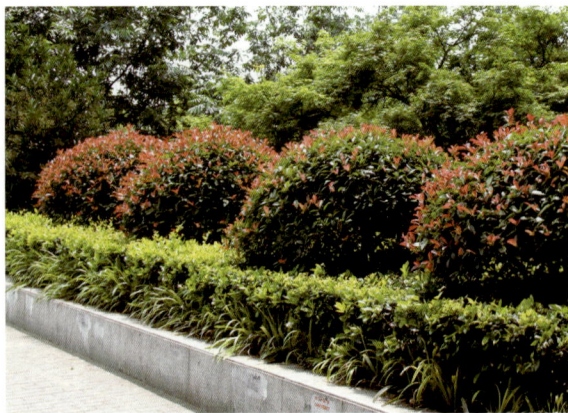

▲ 红车木树球配置景观

❀ 丛植

丛植是指由2～3株至10～20株同种或异种的树木较紧密地种植在一起，其树冠彼此密接而形成一个整体外轮廓线的配置方式。丛植的目的主要在于发挥群体作用，它对环境有较强的抗逆性，在艺术上强调了整体美。在自然式园林中，丛植是常用的配置方式之一，可用于桥、亭、台、榭的点缀和陪衬，也可用于路旁、水边、庭院、草坪或广场的一侧，以丰富景观色彩和层次。丛植的植株多种植在不等边三角形点上，前后左右呼应，前树不挡后树。适宜丛植的彩叶植物有：池杉、加杨、白榆、火炬树等。

▲ 池杉丛植景观

▲ 白榆丛植景观

▲ 加杨丛植景观

▲ 火炬树丛植景观

✿ 群植

群植是指由 20～30 株以上至数百株左右的乔、灌木成群配置的应用形式。群植可以是同种植物，也可以是多种植物的配置。群植主要表现植物的群体美，要求整个树群疏密自然，林冠线和林缘线变化多端，并适当留出林间小块空地，配合林下灌木或地被植物的应用，以增添层次感。当多种树木群植时，常绿与落叶乔木、灌木、地被等复层组合，形成错落有致、层次丰富、浓淡相衬、丰富多彩的自然生态群落景观。适宜群植的彩叶植物有：水杉、池杉、华北落叶松、青杨等。

▲ 池杉群植景观

▶ 华北落叶松群植景观

▲ 青杨群植景观

▲ 水杉群植景观

林植

林植是指较大面积成片、成块地栽植乔、灌木的种植形式，主要表现植物的群体美。此种配置方式多用于风景区、森林公园、疗养院、大型公园等，让人们在某一季节欣赏其独特而壮观的群体效果。林植从植物组成上可分为纯林和混交林。纯林简洁壮观，混交林华丽多彩。适宜林植的彩叶植物有：青杨、山海关杨、槲树、火炬树等。

▲ 槲树林植景观

▲ 青杨林植景观

▲ 火炬树林植景观

▼ 山海关杨林植景观

❀ 绿篱

绿篱是指用灌木或小乔木密植成行而形成的结构紧密、规则的篱垣式种植形式。在园林中主要起分隔空间、遮蔽视线、衬托景物、美化环境及防护作用等。绿篱根据功能要求和观赏特点可分为花篱、果篱、蔓篱、编篱、枝篱、刺篱等；按高度不同又可分为绿墙、高篱、低篱；按种植方式可分为单行式和双行式。在选材上宜选用萌芽更新能力强、耐阴力强、生长较缓慢和叶片较小的种类。适宜绿篱的彩叶植物有：金叶女贞、紫叶小檗、金叶假连翘等。

▲ 金叶女贞、紫叶小檗、小叶黄杨组成的绿篱，色彩鲜艳，对比鲜明。

▼ 在紫叶植物的映衬下，金叶假连翘的波浪形绿篱造型更加醒目。

棚架

棚架是指利用竹木、石材、水泥柱、金属等材料搭成一定形状的格架，供攀缘植物攀附的园林设施，也称花架，适用于蔓生类的植物。棚架按立面形式，可分为两面立柱的普通廊式棚架、中间设柱的梁架式以及各种特殊造型的棚架，如花瓶状、伞亭状、蘑菇状等。适宜棚架的彩叶植物有：叶子花、五叶地锦、花叶加那利常春藤等。

▲ 在绿色植物的衬托下，由五叶地锦组成的红色拱型构图更加突出、醒目。

▲ 榕树修剪成的门拱形造型，用于景区和景区之间的连接，既具观赏性，又与周围环境和谐统一。

▲ 花叶加那利常春藤棚架既与周围植物融为一体，又兼具装饰作用，极具观赏性。

▲ 色彩鲜艳的叶子花组成的拱形棚架，既吸引游客，美化了环境，又与花坛植物相辅相成，与建筑物形成对比，突出了植物的柔美。

❀ 盆栽及悬挂盆花

盆栽是指以小型、精美的观赏植物作材料，经过巧妙的艺术构思种植在各式器皿中，成为一种优美和谐、趣味性强的花卉饰品。它体量小，可充分利用窗前、门廊、过厅和角隅的各个空间进行装饰，常常表现出主人的趣味或家庭的特点，并可根据季节的变化，陈列地点的不同，移动位置或重新布局，把大自然的景观引入有限的居住空间。

悬挂盆花通常是把彩叶植物栽植于装饰性较强的盆器内，用精美的吊绳悬挂，以供观赏的应用形式。悬挂盆花能够充分利用空间，从各个角度欣赏花木的立体美。适宜盆栽及悬挂盆花的彩叶植物有：冷水花、彩叶草、小叶白网纹草等。

▲ 银心吊兰悬挂盆花景观

▲ 孔雀竹芋盆栽景观

▲ 冷水花盆栽景观

▲ 彩叶芋盆栽景观

▲ 小叶白网纹草悬挂盆花景观

🌸 花坛

花坛是在具有一定几何轮廓的植床内种植颜色、形态、质地不同的花卉，以体现其色彩美或图案美的园林应用形式。立体花坛是将一年生草本植物或小灌木，种植在二维或三维的立体构架上，一般是在搭建好的各种造型的结构内填充栽培介质，然后种上色彩多样的花草，成为有生命的植物雕塑，是目前花卉应用的最高形式。

花坛一般布置于广场、建筑物的出入口处或道路的中央、两侧及周围。花坛要求经常保持鲜艳的色彩和整齐的轮廓，多选用植株低矮、生长整齐、花期相对集中、株丛紧密而花果或叶色艳丽的植株种类来布置。花坛具有美化环境、组织交通和渲染气氛的作用。适宜花坛的彩叶植物有：彩叶草、羽衣甘蓝、四季秋海棠等。

▲ 由小叶红和小叶绿组成的模纹花坛，图案优美，色彩明快。

▲ 由五色草组成的鲤鱼跃龙门立体花坛，线条精致，构图精美，栩栩如生。

▲ 自然造型的小花池内，球形金叶榕、金叶假连翘在红桑的点缀下既整齐又活泼。

▲ 用不同彩叶植物组成的斜面花坛，构图精美，色彩鲜明。

▲ 在紫红色三色堇的衬托下，白色银叶菊构成的图案和线条更加清晰突出，有引导视线的作用。

▲ 岸边花坛中，红、黄两色彩叶草组成的图案，色彩明快，倒影在水中，与河边垂柳构成一幅花红柳绿的浪漫画面。

❀ 花境

　　花境是借鉴自然风景中林缘野生花卉自然散布生长的景观，并加以艺术提炼而应用于园林景观布置的一种形式，即以树丛、树群、绿篱、矮墙或建筑物作背景的带状自然式花卉布置，不同种类的花卉以自然斑块状混交栽植。

　　布置花境应突出其自然和耐粗放管理的特性，宿根和球根花卉是最好的植物材料，绝大多数露地花卉均可用于布置花境。花境中多种植物配置时应考虑到同一季节中彼此的色彩、姿态、质地、数量、生长繁殖速度等的调和与对比，整体构图必须完整协调，曲线要自然而流畅，能给人自然、舒畅的观感。此外，还要求有季相的变化，充分体现春华秋实的不同季节的景观特色。适宜花境的彩叶植物有：金叶女贞、马蹄纹天竺葵、斑叶芒等。

▲ 在银叶菊和多种鲜花的映衬下，由小叶绿组成的图形线条清晰，图案精美。

▲ 各种彩叶植物与开花植物组合，形成不同色块，自然而不杂乱，花境之美引人入胜。

▲ 由不同叶色、花色植物组合在一起，形成色彩丰富、变化多样的景观，花境之美跃然眼前。

▲ 以草坪为背景，各种彩叶植物巧妙配置，形成高低错落、疏密结合、色彩斑斓的景观。

◀ 由金叶女贞、水蜡、圆柏等组成的灌木花境，形成了色彩丰富、对比鲜明的景观。

◀ 在高低错落、色彩绚丽的花境中，彩叶植物成为整个花境的焦点。

▲ 在蓝天白云映衬下，色彩斑斓的彩叶植物与鲜花相配置形成的花境，美丽动人，生机无限。

🌸 地被及草坪

　　地被是采用低矮紧密的植物材料对地面进行覆盖的园林形式。草坪是地被的一种，特指以禾本科、莎草科为主的草本植物对地面进行覆盖。草坪按照应用类型常分为观赏草坪、游憩草坪、固土护坡草坪三类。在观赏草坪及游憩草坪中适量混种一些植株低矮、花叶细小及适应性强、有自播繁殖能力的草本植物来装饰点缀，形成缀花草坪。此类绿化形式常用野生花卉混合种植，且以宿根花卉为主，如胭脂红景天、佛甲草、垂盆草、紫叶酢浆草等。作为固土护坡的草坪及地被植物，在具有固土护坡作用的同时也要求植物群体及季相变化有一定的观赏价值，对人畜无害，对有害气体有一定的抗性，且最好可作为饲料或药材、蜜源等。适宜地被及草坪的彩叶植物有：彩叶草、胭脂红景天、金叶假连翘等。

▲ 在大草坪的衬托下，S形构图的紫叶小檗绿篱显得格外鲜明亮丽。

▲ 在起伏的大草坪上，由不同色叶和花材相配组成的花带，宛如高处流下的清泉，生动而有情趣。

▶ 不同色块的地被，舒缓的草坪，波光粼粼的水面，结合流畅的园路及驳岸的曲线，构成一幅和谐而生动的画面。

▲ 由彩叶草、四季秋海棠、一串红等植物组成线条优美、色彩亮丽的彩色地被，既美化了环境又烘托了节日气氛。

▲ 红、黄两色彩叶草相间组成的网格形地被，色彩艳丽、对比鲜明。

▲ 小叶红、小叶绿组合，打造出构图巧妙、色彩对比鲜明的精美花坛。

▲ 红色的胭脂红景天与绿色的佛甲草，交错种植，组成色彩艳丽的精美图案。

▲ 由彩叶草、观赏草相间组成的彩色地被，起到了覆盖地面、装饰空间的作用。

（三）配置实例

彩叶植物色彩丰富，美丽动人，不仅用于点缀、配色，而更多的是通过与道路、山石、滨水、建筑、立交桥、室内装饰等园林要素的合理配置，创造出层次丰富，多姿多彩的园林景观。

❀ 与道路的配置

目前在城市的车行道隔离带上常采用低矮的彩叶植物栽植成模纹图案，也可将三五株同类彩叶植物成丛种植在一起，还可将株丛紧密且耐修剪的彩叶植物剪成规整的形状，或与其他绿色基础种植材料相互搭配，构成美丽的镶边和各种字符、图案等。适宜与道路配置的彩叶植物有：金叶女贞、紫叶小檗、银杏、青杨等。

景观大道两侧的植物配置要避免单调、造作和雷同，宜形成四季景色各异，近似自然风光的景观。根据季节变化可供选择的春色叶植物有红叶椿、千头椿等表现春天的万紫千红；银杏、栾树、白蜡等均是较好的营造带状秋景的材料，可形成带状秋色景观；金叶榆、紫叶李、金叶槐等常色叶植物最能体现一街一景的绿化效果。在树种配植上应注意植物高度的搭配，使色彩和层次更加丰富，比如用1m高的黄杨球、2m高的红叶李、8m高的枫树进行配植，由低到高，景观层次分明。

▲ 高大挺拔秋叶金黄的银杏树与绿篱相配置，形成壮观的行道树景观。

▶ 毛白杨与其他彩叶植物配置形成的行道树秋色景观。

▲ 深秋的火炬树，叶色火红，在青山的映衬下，显得格外醒目。

▲ 金叶女贞、紫叶小檗配置成绿篱，不仅增加了道路景观层次和色彩，而且由于空间色彩不断变换，富于跳跃感，可以减轻司乘人员的疲劳感，提升安全系数。

▲ 青杨行道树秋色景观。

▲ 金叶假连翘、红桑等彩叶植物相配置，形成色彩丰富的道路景观。

▼ 分车带上配置色彩造型各异的彩叶植物，丰富了道路色彩和空间层次。

❀ 与山石的配置

　　彩叶植物与山石的配置，如果搭配得体，很有中国国画的味道，也容易形成局部空间的视觉焦点。应该注意要从山石的体量、形态、色彩、质地等诸多方面考虑和布局。适宜与山石配置的彩叶植物有：五叶地锦、爬山虎、红枫、小叶红等。

▲ 深秋季节，红艳的五叶地锦和白色的巨石形成鲜明对比，生机一片。

▲ 在错落有致的自然山石间配置多种彩叶植物和花草，组成一幅和谐优美的自然景观。

▲ 在巨石和绿色植物衬托下，红色的色木槭更加醒目。

▲ 小叶绿、小叶红组成的亚洲象和大熊猫造型活泼可爱，与巨石相配置既不突兀，又有相互衬托之感。

◀ 红色的鸡爪槭与绿色的垂柳形成鲜明对比，凉亭依滨水而建与山石相依，水中锦鲤与画面相辅相成，好一派江南风光。

◀ 植物与山石错落搭配，塑造出生机盎然、层次分明的野趣景观。

▲ 凉亭下，黄绿色叶的葛藤，大大柔化了石块生硬的线条，使景物更加和谐统一。

▲ 巨大的山石上，清泉淌流，穿行其中感受大自然之美，彩叶植物与山石配置恰到好处。

❁ 与滨水的配置

淡绿透明的水色是调和各种园林景物色彩的底色。金黄色彩叶植物与绿水相配置明快、清新；红色彩叶植物与绿水配置热情、奔放；紫色彩叶植物与绿水配置雅致、神秘。在水池边栽种彩叶小灌木倒映水中五彩斑斓，与水景相配的彩叶植物叶色以黄、蓝、红为主。在平直的水面上配置彩叶植物应采取等距离种植并进行整形、修剪，以增强画意。栽植片林时，则应留出透景线。此外，应选择具一定耐水湿性能的彩叶植物，在水边种植与水景相配合，而沿海地区应选择耐盐碱植物。

▶ 秋季的落羽杉叶色逐渐变红，与清澈的湖水交相辉映

▼ 清澈的河岸边，山杏红的似火、黄的似金，油松依然青翠，红黄绿交相辉映，奏响秋之交响乐。

▲ 在绿树和白色凉亭的映衬下，鸡爪槭婆娑的姿态和艳丽的色彩，丰富了岸边的风景。

彩叶植物也可作为水边的护岸栽植或景点点缀。在西湖风景区中，花叶芦竹、花叶石菖蒲等植物经常与假山石结合，点缀于较广阔的水边，洁白的假山石与岸边翠绿的剑形叶片形成极富情趣的小品。微风拂过，水面荡起阵阵涟漪，倒映着岸边翩然起舞的长叶，动感十足。在狭长的河岸边则常见以彩叶地被布置成条形绿带，随着河岸曲线的起伏而起伏，给沿岸散步的人们提供变化的景观。适宜与滨水配置的彩叶植物有：金叶假连翘、鸡爪槭、落羽杉、紫叶碧桃等。

▲ 华南植物园内，红色的落羽杉、池杉与波光粼粼的水面交相辉映，挺拔的树姿与静止的水面形成一幅宁静的画卷。

▲ 岸边紫红的条纹在黄色绿化带的映衬下，碧绿的湖水愈发显得幽静与开阔。

▲ 岸边列植的紫叶碧桃，其火红的花色与水中婀娜多姿的倒影，在绿植的衬托下，给游人留下深刻印象。

▼ 秋季的芦苇叶色逐渐变黄，在绿色植物的衬托下对比鲜明，形成丰富的秋色景观。

❀ 与建筑物的配置

　　彩叶植物与建筑物配置主要起如下作用：一是障景，遮挡不美观的建筑物或物体；二是引导视线，强调入口，使建筑物的出入口醒目。彩叶植物与建筑物配置，要综合考虑各自的色彩、线条、体量、主题等来选择适宜的植物。通常红色或深色建筑物前可选用蓝色系或黄色、黄绿色等浅色彩叶植物作基础种植，以突出建筑物的色彩；浅色建筑物前可配置深色的彩叶植物，色彩对比明显，观赏效果好。适宜与建筑物相配置的彩叶植物有：金叶女贞、紫叶小檗、金叶假连翘、紫叶李、彩叶草等。

▲ 路旁的紫叶小檗绿篱，起到美化环境、引导游人的作用。

▶ 蜿蜒的金叶假连翘绿篱，围绕在深色建筑物前，愈发突出了建筑物的民族特色，使环境更加协调和谐。

▲ 断开的金叶女贞绿篱，起到引导视线、强调入口的作用。

▲ 不同造型的金叶女贞、紫叶小檗等彩叶植物组成的花坛，与浅色建筑物形成色彩对比。

▲ 紫叶小檗、金叶女贞绿篱与玉兰配置形成的景观，不仅改善了浅色建筑物单调的色彩，同时还遮挡了背景的杂物。

◀ 紫红色的紫叶李、紫叶碧桃等配置在深色建筑物前，使建筑物与彩叶植物混为一体，是不成功的配置形式。

◀ 由彩叶草、垂盆草等组成的彩色花坛，为浅色单调的建筑物前增添了亮丽的色彩。

◀ 北京西单高低错落的花坛，在浅色建筑物衬托下，色彩更加艳丽。

❁ 与立交桥的配置

随着城市建设的迅速发展，城市道路交通越来越重要，立交桥作为道路交通的枢纽，不仅缓解了城市交通的紧张状况，也成为构成城市景观的重要因素之一，越来越受到人们的广泛关注。通过对立交桥的绿化建设，把城市装点得更加美丽动人，成为城市中一道亮丽的风景线。

在立交桥的建设中，要充分考虑在一定的行车速度下的视觉感受，同时注意整个道路系统景观的完整性和季相变化，通过选择不同叶色和花色的植物，形成丰富的四季园林景观。适宜与立交桥相配置的彩叶植物有：紫黑叶橡皮树、紫叶李、五叶地锦、金叶女贞等。

▲ 立交桥引桥上，由紫叶李、五叶地锦等彩叶植物配置组成的道路景观，层次分明，色彩丰富，给人以安静稳重之感。

▲ 立交桥边，由金叶女贞、紫叶小檗、大叶黄杨等植物组成的阶梯式花坛，起到了引导行人的作用。

▶ 立交桥边，由金叶女贞、紫叶李等植物配置组成的绿地，在大草坪的映衬下，显得格外舒缓、雅静。

▲ 立交桥旁，海棠的秋叶变成黄褐色，为绿地带来秋的色彩。

▲ 立交桥边，由红桑与常绿植物组成的景观，色彩丰富，层次分明。

▲ 道路两侧的紫黑叶橡皮树与绿树对植，形成一幅和谐的道路绿化景观。

▲ 彩叶植物与盛开的草花组成优美的图案，烘托了周边的建筑与高大的立交桥。

❀ 室内装饰

　　将盆栽彩叶植物布置在客厅、阳台、走廊、过道和门口，可以成为视觉的焦点。通过色彩变化，加强与室内环境的对比，可以突显现代生活的情趣。植物种类选择以黄色、紫红色和斑叶植物为主。

▲ 金边虎尾兰的叶片边缘呈金黄色，株型挺拔，深受人们的青睐。

▲ 马蹄纹天竺葵叶片形状奇特，叶色鲜艳，深受人们喜爱，单盆栽植亦可成为景观。

▲ 一盆盆垂吊的银叶马蹄金，叶片郁郁葱葱，小而茂密，讨人喜爱。

▲ 彩叶草叶形美观，叶色独特，常用于节庆假日的壁面绿化。

▲ 室内常见的开花植物芬芳怡人，观叶植物叶片斑斓，大大丰富了室内景观。

在室内种植彩叶植物，应选择耐阴性较强，且色彩鲜艳，病虫害少，易养护管理的植物。适宜室内装饰的彩叶植物有：彩叶草、马蹄纹天竺葵、金边虎尾兰、花叶马齿苋等。

◀ 由多种彩叶植物和草花组成色彩不一的斑块和花墙，色彩鲜艳明亮，引人驻足。

◀ 造型奇特的悬挂盆花猪笼草与底部的红花相呼应，构成一幅立体景观。

◀ 色彩斑斓的壁面绿化景观，彰显了现代城市气息。

四 园林中常见的彩叶植物

- 常色叶彩叶植物
- 季色叶彩叶植物

（一）

常色叶彩叶植物

1

黄（金）色叶类彩叶植物

1 日本扁柏 *Chamaecyparis obtusa*

科属 柏科 扁柏属　　别名 扁柏

形态特征　常绿乔木，在原产地高达 40 m。鳞叶较厚，着生鳞叶的小枝背面有白线或微被白粉，鳞叶先端钝；新叶金黄色。球果球形，红褐色。种子近圆形，翅窄。花期 4 月；果期 10～11 月。

生态习性　原产于日本。我国青岛、南京、上海、杭州、广州等地有引种栽培。喜温暖、湿润的气候，能耐 −20℃ 低温，稍耐干燥；适宜湿润、肥沃、排水良好的土壤。

繁殖方法　扦插繁殖。

🪴 **欣赏应用**

日本扁柏姿态优美，新叶金黄色，为黄（金）色叶类常色叶彩叶树种。可作园景树、行道树、树丛、绿篱、基础种植及风景林用。

▲ 树形

▲ 丛植景观　　　　　◀ 叶枝

2 | 金孔雀柏 *Chamaecyparis obtusa* 'Tetragona Aurea'

科属　柏科　圆柏属

形态特征　常绿灌木或小乔木。为日本扁柏的栽培品种。鳞叶金黄色。

其他特征与内容同日本扁柏。

▲ 绿篱景观

▲ 树形

▲ 地被景观

▲ 叶枝

常色叶彩叶植物

3 | 洒金千头柏 *Platycladus orientalis* 'Aurea-Nana'

科属 柏科 侧柏属　　　　**别名** 金枝千头柏

形态特征 常绿灌木，高达1.5m。为侧柏的栽培品种。叶鳞片状，交互对生，鲜绿色；嫩叶金黄色。雌雄球花皆生于小枝顶端。球果卵圆形，种鳞木质，熟时开裂。种子长卵圆形。花期3～4月；果期9～10月。

生态习性 产于我国东北南部及华北地区；全国各地广泛栽培。喜光，稍耐阴；喜干凉、温暖气候；适宜深厚、肥沃、排水良好的土壤。

繁殖方法 播种繁殖。

🪣 欣赏应用

洒金千头柏枝叶洒金，黄绿相间，非常美观，为黄（金）色叶类常色叶彩叶树种。园林中可孤植、丛植、篱植栽培观赏。

▲ 植株

▲ 球花枝

▲ 球果枝

◀ 叶枝

▲ 列植景观

4 金丝垂柳 *Salix × aureo-pendula*

科属　杨柳科　柳属

形态特征　落叶乔木，高达 10 m 以上。为金枝白柳与垂柳的杂交种。枝条细长下垂，小枝黄色至金黄色。单叶互生，叶片长披针形，叶缘有细锯齿；春色叶黄绿色，成叶绿色，秋叶黄色。荑荑花序。花期 3～4 月。

生态习性　我国沈阳以南地区多栽培。喜光，较耐寒；喜水湿，也能耐旱；适宜湿润、排水良好的土壤。

繁殖方法　扦插繁殖。

🪣 欣赏应用

金丝垂柳在生长季枝条金黄色，经霜冻后颜色尤为鲜艳，春叶黄色，秋叶黄绿色，为黄（金）色叶类常色叶彩叶植物。本种全部为雄株，春季无飞絮，不污染环境，生长又快，园林中适宜作行道树及庭荫树。

▲ 叶枝（春色）

▲ 叶枝

▲ 花序枝

▲ 列植春色景观

常色叶彩叶植物

▲ 树形

▲ 树形（春色）

▲ 行道树春色景观

5 金叶榆 *Ulmus pumila* 'Jinye'

科属 榆科 榆属

形态特征 落叶乔木，株高6~8 m。为白榆的栽培品种。单叶互生，叶片卵状椭圆形，先端渐尖，基部楔形，叶缘具重锯齿；新叶金黄色，成叶颜色稍淡。翅果，近圆形。花果期3~6月。

生态习性 原种产于我国东北、华北至华东、华中地区；全国各地均有栽培。喜光，耐寒；耐旱，不耐水湿；不择土壤，稍耐盐碱，适应性极强。

繁殖方法 扦插、嫁接繁殖。

▲ 树形

▲ 群植景观

🌿 欣赏应用

金叶榆枝叶浓密，叶色金黄，色泽艳丽，为黄（金）色叶类常色叶彩叶树种。可作行道树、庭荫树、绿篱等栽培观赏。

▲ 绿篱景观

◀ 叶枝

6 | 垂枝金叶榆　*Ulmus pumila* 'Jinye Chuizhi'

科属　榆科　榆属

形态特征　垂枝金叶榆为白榆的栽培品种。其叶形、叶色同金叶榆，仅枝条下垂，为垂枝芽变品种。

> 其他特征与内容同金叶榆。

▲ 果序枝

▲ 树形

▲ 行道树配置景观

◀ 叶枝

7 黄金榕 *Ficus microcarpa* 'Golden Leaves'

科属 桑科 榕属　　**别名** 金叶垂榕

形态特征 常绿乔木，高达 15 m。枝具下垂气生根。单叶互生，叶片椭圆形至倒卵形，先端钝尖，基部楔形，革质全缘；新叶金黄色，成叶黄绿色。雌雄同株，隐头花序。隐花果肉质，内有小瘦果。花期 5～6 月；果期 7～9 月。

生态习性 原产于中国、东南亚以及澳大利亚。在我国南方地区常见栽培。喜光，喜温暖、湿润气候，不耐寒；喜酸性肥沃的土壤。

繁殖方法 扦插繁殖。

▲ 植株（春色）　　　　▲ 树形（夏色）

🪴 欣赏应用

黄金榕枝叶浓密，叶色金黄，耐修剪，为黄（金）色叶类常色叶彩叶植物。园林中常用作绿篱或修剪造型。适宜庭园绿化观赏；还可用于制作盆景。

叶片

▲ 造型景观

8 | 金叶风箱果　*Physocarpus opulifolius* 'Lutein'

科属　蔷薇科　风箱果属

形态特征　落叶灌木，高 1～2 m。为北美风箱果的栽培品种。单叶互生，叶片三角状卵形至广卵形，3～5 浅裂，基部楔形，叶缘有锯齿；叶片生长期金黄色，落叶前黄绿色。顶生伞形总状花序，花白色。蓇葖果卵形，夏末红色。花期 5 月；果期 7～8 月。

生态习性　原产于北美洲。我国华北、东北等地区有栽培。喜光、稍耐阴，在弱光环境中叶片呈绿色；耐寒，耐旱；适宜肥沃、排水良好的土壤。

繁殖方法　扦插繁殖。

▲ 花序枝

▲ 果序枝

▲ 绿篱景观

欣赏应用

金叶风箱果春叶金黄色，成叶黄绿色，为黄（金）色叶类常色叶彩叶植物。其叶、花、果均具观赏价值，可孤植、丛植、带植于园林中，也可作绿篱、镶嵌材料和带状花坛背景。

▲ 植株

▲ 植株（春色）

▲ 丛植景观

◀ 叶片（春色）

常色叶彩叶植物

9 | 金叶槐 *Sophora japonica* 'Chrysophylla'

科属　豆科　槐属

形态特征　落叶乔木，高 20 ~ 25 m。为国槐的栽培品种。奇数羽状复叶互生，小叶 7 ~ 17 枚，对生或近互生，叶片卵状椭圆形，全缘；春季新叶金黄色，成叶黄绿色。圆锥花序顶生，花冠黄白色。荚果串珠状。花期 7 ~ 8 月；果期 8 ~ 10 月。

生态习性　原种产于我国北部地区。喜光，耐寒，耐轻度盐碱；适宜湿润、肥沃、排水良好的土壤。

繁殖方法　嫁接繁殖。

▲ 叶枝（春色）

▲ 列植景观

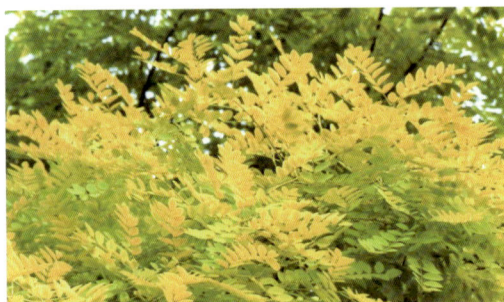

▲ 行道树配置景观

欣赏应用

金叶槐枝叶浓密，春季叶色金黄亮丽，为黄（金）色叶类常色叶彩叶植物。适宜庭园栽培观赏，也可作行道树、庭荫树和风景林等。

▶ 花序枝

▲ 行道树景观

▶ 果序枝

▲ 丛植

▲ 树形（春色）

常色叶彩叶植物

10　金枝槐　*Sophora japonica* 'Golden Stem'

科属　蝶形花科　槐属

形态特征　落叶乔木，高达 25 m。为槐的栽培品种。枝条金黄色。奇数羽状复叶，小叶 7～17 枚，对生或近对生，叶片卵状椭圆形，全缘；嫩叶淡黄色，夏季叶绿黄色，秋叶变成金黄色。圆锥花序顶生，花黄白色。荚果串珠状。花期 6～9 月；果期 10 月。

生态习性　产于我国黄河中下游地区；华北、西北地区有栽培。喜光，喜温暖、湿润气候；在肥沃的土壤中生长旺盛。

繁殖方法　嫁接繁殖。

▲ 叶枝　（夏色）

▲ 树形

▲ 叶枝　（秋色）

欣赏应用

金枝槐枝条金黄色，春季、秋季叶色金黄，娇艳醒目，可春、秋季观叶，冬季观枝，为黄（金）色叶类常色叶彩叶树种。适宜作行道树、庭荫树和风景园林等栽培观赏。

▲ 群植景观

▲ 花序枝

▲ 果序枝

▲ 枝条

常色叶彩叶植物

11 | 黄金香柳 *Melaleuca bracteata* 'Revolution Gold'

科属　桃金娘科　白千层属　　　　**别名**　千层金

形态特征　常绿灌木，高 2～3 m。枝条密集细长柔软，嫩枝红色，新枝层层向上扩展。单叶互生，革质，叶片披针形至线形；叶金黄色，具油腺点，芳香。穗状花序，花绿白色。花期夏季。

生态习性　原产于澳大利亚。我国长江流域以南地区有栽培。喜光，喜温暖、湿润气候，不耐寒；适宜疏松、排水良好的土壤。

繁殖方法　扦插、压条、嫁接繁殖。

🪣 欣赏应用

黄金香柳枝条柔软，叶色艳丽，全年可供观赏，为黄（金）色叶类常色叶彩叶树种。园林中常用作点缀庭院，也可孤植于草坪边缘、灌木林中或作绿篱栽培；还可盆栽观赏。

▲ 树形

▲ 丛植景观

▲ 叶枝

▲ 绿篱景观

12 ｜ 金叶连翘 *Forsythia suspensa* 'Aurea'

科属 木犀科 连翘属

形态特征 落叶灌木，高达 3 m。为连翘的栽培品种。枝干丛生，小枝黄色，弯曲下垂。单叶对生，叶片卵形或椭圆状卵形，边缘具锯齿；叶生长季金黄色。花先叶开放，常单生或数朵簇生，花黄色。蒴果卵形。花期 3～4 月；果期 7～9 月。

生态习性 产于我国北部地区；北京、大连等地有栽培。喜阳光充足，稍耐阴；忌积水；喜偏酸性、湿润、排水良好的土壤。

繁殖方法 扦插繁殖。

▲ 绿篱景观

▲ 植株

🪣 **欣赏应用**

金叶连翘树姿优美，叶色金黄，生长旺盛；春季花朵盛开时满枝金黄，芳香四溢，令人赏心悦目，是既可观花、又可赏叶的黄（金）色叶类常色叶彩叶树种。园林中可作花篱、花丛、花坛等栽培观赏。

▲ 绿篱景观

◀ 叶枝

◀ 花枝

常色叶彩叶植物

13 | 金叶白蜡 *Fraxinus chinensis* 'Aurea'

科属　木犀科　白蜡属

形态特征　落叶乔木，高 10 ~ 12 m。为白蜡树的栽培品种。奇数羽状复叶对生，小叶 5 ~ 7 枚，叶片卵圆形或卵状椭圆形，先端锐尖至渐尖，基部钝圆或楔形，叶缘具整齐锯齿；新叶金黄色，成叶黄绿色。圆锥花序顶生或侧生于当年生枝上。翅果倒披针形。花期 4 ~ 5 月；果期 7 ~ 9 月。

生态习性　我国华北及辽宁等地有栽培。喜光，稍耐阴；较耐寒，喜温暖、湿润气候。

繁殖方法　嫁接、扦插繁殖。

🪴 欣赏应用

金叶白蜡春季新叶金黄，夏季嫩叶黄绿色，秋叶橙黄色，是难得的三季观叶的黄（金）叶类常色叶彩叶树种。与绿树相配，可形成"万绿丛中一片金"的景观效果，极具诗情画意。可作行道树、孤植树，还可以作绿篱和修剪造型等栽培观赏。

▲ 树形

▲ 叶枝

▲ 花序枝

▲ 列植景观

14 金叶女贞 *Ligustrum × vicaryi*

科属　木犀科　女贞属

形态特征　落叶或半常绿灌木，高达 3 m。是金边卵叶女贞与金叶欧洲女贞的杂交种。单叶对生，叶片椭圆形或卵状椭圆形，先端圆或钝尖，全缘；嫩叶金黄色，后逐渐变成黄绿色。圆锥花序顶生，花白色。核果椭圆形，紫黑色。花期 6～7 月；果期 9～10 月。

生态习性　我国华北及以南地区广泛栽培。喜光，稍耐阴；较耐寒，喜温暖、湿润气候；适宜深厚、肥沃、微酸性土壤。

繁殖方法　扦插繁殖。

▲ 植株

▲ 叶枝

🌱 欣赏应用

金叶女贞枝叶繁茂，整个生长季叶色金黄色，白花、黑果，为优良的黄（金）色叶类常色叶彩叶树种。可与红叶的紫叶小檗、红花檵木以及绿叶的龙柏、黄杨等组成灌木色块，形成强烈的色彩对比，具极佳的观赏效果；也可修剪成球形，孤植或列植于园林绿地。

▲ 绿篱景观

▲ 果序枝

▲ 花序枝

常色叶彩叶植物

15 | 金叶复叶槭 *Acer negundo* 'Auratum'

科属 槭树科 槭属

形态特征 落叶乔木，高达 20 m。奇数羽状复叶对生，小叶 3～7 枚，卵状椭圆形至卵状披针形，基部宽楔形，叶缘具不规则粗锯齿；春季嫩叶金黄色，夏季渐变为黄绿色，秋季又变为更深的金黄色。花单性异株，花小，无花瓣，黄绿色，花先叶开放。果序下垂，两翅成锐角。花期 4～5 月；果期 9 月。

▲ 叶枝

▲ 叶枝（春色）

生态习性 原产于北美东部地区。我国三北地区、华东、华南等地有栽培。喜光，耐阴；耐寒，耐旱，耐盐碱；适宜肥沃、透气性良好的土壤。

繁殖方法 扦插、嫁接繁殖。

▼ 群植春色景观

🪴 **欣赏应用**

金叶复叶槭树姿优美，春、秋季叶色金黄，鲜艳夺目，为常色叶类黄（金）色叶彩叶树种。在园林景观中独具魅力，适宜作行道树、孤赏树、也可以修剪成造型树。

常色叶彩叶植物

▲ 群植秋色景观

▲ 树形（春色）

▲ 树形（夏色）

▲ 树形（秋色）

16 | 金叶接骨木 *Sambucus canadensis* 'Aurea'

科属　忍冬科　接骨木属

形态特征　落叶灌木，高达 4 m。为接骨木的栽培品种。奇数羽状复叶对生，小叶 5～7 枚，叶片长椭圆形，先端尖，基部楔形；新叶金黄色，成叶黄绿色。圆锥花絮顶生，花白色或淡黄色。核果浆果状，近球形红色。花期 4～5 月；果期 6～7 月。

生态习性　我国华北、西北、华中等地有栽培。喜光，稍耐阴；耐寒，耐旱，忌水涝；适宜肥沃、排水良好的土壤；生长快，耐修剪，抗大气污染力强。

繁殖方法　扦插繁殖。

🪣 欣赏应用

金叶接骨木叶色金黄，初夏白花，初秋红果，非常美丽，为黄（金）色叶类常色叶彩叶植物。适宜水边、林缘和草坪边缘栽植；也可盆栽观赏。

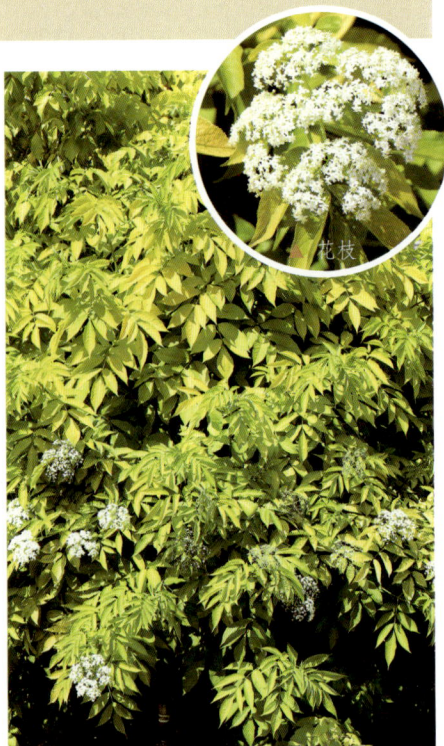

▲ 花枝

▲ 植株

◀ 叶枝

▲ 丛植景观

17 金叶锦带花 *Weigela florida* 'Aurea'

科属 忍冬科 锦带花属

形态特征 落叶灌木，高为1～3 m。为锦带花的栽培品种。单叶对生，叶片椭圆形或卵状椭圆形，叶缘具锯齿；新叶金黄色，成叶黄绿色。花1～4朵成聚伞花序，玫瑰红色。蒴果，种子无翅。花期4～6月；果期10月。

生态习性 分布于我国华北、东北地区。喜光，耐寒；耐干旱、瘠薄，忌水涝；对有毒气体抗性强。

繁殖方法 扦插、压条、分株繁殖。

🪣 **欣赏应用**

金叶锦带花叶色艳丽，花繁密，花期长，为黄（金）色叶类常色叶彩叶树种。是我国北方地区供观赏的主要灌木之一，适宜庭园栽培，也可丛植、群植或作绿篱栽培观赏。

▲ 植株

▲ 叶枝

▲ 花序枝

● 草本黄（金）色叶彩叶植物

1 金叶番薯 *Ipomoea batatas* 'Golden Summer'

科属 旋花科 番薯属

形态特征 多年生蔓性草本植物，茎长达 3 m。叶互生，掌状全缘或三裂；叶片全年金黄色至黄绿色。聚伞花序腋生，花冠淡粉色，呈钟状或漏斗状。蒴果。花期秋季。

生态习性 原产于美国中部地区。我国华北、华东等地有栽培。喜光，不耐阴；耐热性强，不耐寒；适宜疏松、排水良好的砂质壤土。

繁殖方法 扦插繁殖。

🌱 **欣赏应用**

金叶番薯叶色金黄，极为明艳，具有很高的观赏价值，为黄（金）色叶类常色叶彩叶植物。可作花坛成片种植，形成金黄色的色块或模纹；也可盆栽悬吊观赏。

▲ 立体造型景观

▲ 地被景观

◀ 叶片

▶ 植株

2 金叶佛甲草 *Sedum lineare* 'Aurea'

科属 景天科 景天属

形态特征 多年生常绿草本植物，株高 10～20 cm。3 叶轮生，叶线形至线状披针形，肉质无柄；叶金黄色。聚伞花序顶生，花黄色。花期 4～5 月。

◀ 叶枝

生态习性 原产于中国、日本。我国华北、华东及华南等地有栽培。喜光，稍耐阴；喜温暖气候，稍耐寒；耐旱，不择土壤。

繁殖方法 播种、分株、扦插繁殖。

🌱 **欣赏应用**

金叶佛甲草叶色金黄靓丽，为黄（金）色叶类常色叶彩叶植物。园林中常用于布置花坛、花境或用于屋顶绿化；也可盆栽观赏。

◀ 植株

▲ 花坛配置景观

▲ 立体花坛配置景观

常色叶彩叶植物

● 木本红（紫）色叶彩叶植物

1 黑紫叶橡皮树
Ficus elastica 'Decora Burgundy'

科属 桑科 榕属

形态特征 常绿乔木。为印度橡皮树的栽培品种。叶片厚革质，长椭圆形或椭圆形，先端尖，基部宽楔形，全缘；叶面黑紫色，托叶大，膜质，淡红色。榕果成对腋生，卵状长椭圆形。花期11月。

生态习性 原产于印度和缅甸。我国长江流域以南地区多栽培，北方地区多盆栽。喜光，喜暖热气候，耐干旱；适宜肥沃土壤。

繁殖方法 播种、扦插、压条繁殖。

▲ 盆栽

🛈 欣赏应用

黑紫叶橡皮树，叶面黑紫色，叶大而奇特，为红（紫）色叶类常色叶彩叶树种。可作庭荫树或行道树；也可盆栽观赏。

▲ 丛植景观　　　　　　　　　　叶片 ▶

2 | 紫叶小檗 *Berberis thunbergii* 'Atropurpurea'

科属　小檗科　小檗属

形态特征　落叶灌木，高1.5～2 m。为小檗的栽培品种。单叶互生或簇生，在长枝上互生，短枝上簇生，叶片菱形或倒卵形，叶下部有1～3刺；叶深紫色或红色。花黄色，下垂，花瓣边缘有红色纹晕。浆果红色，宿存。花期4月；果期9～10月。

生态习性　原产于日本。我国东北南部、华北、华东等地广泛栽培。喜光，喜温暖、湿润环境，较耐寒，耐旱。

繁殖方法　播种、扦插、压条繁殖。

欣赏应用

紫叶小檗叶色紫红，春开黄花、秋缀红果，果期较长，是优良的红（紫）色叶类常色叶彩叶树种。园林中适宜作花篱或在路缘丛植，作大型花坛的镶边；也可修剪成球形，对称状或散状配置。

▲ 叶枝

常色叶彩叶植物

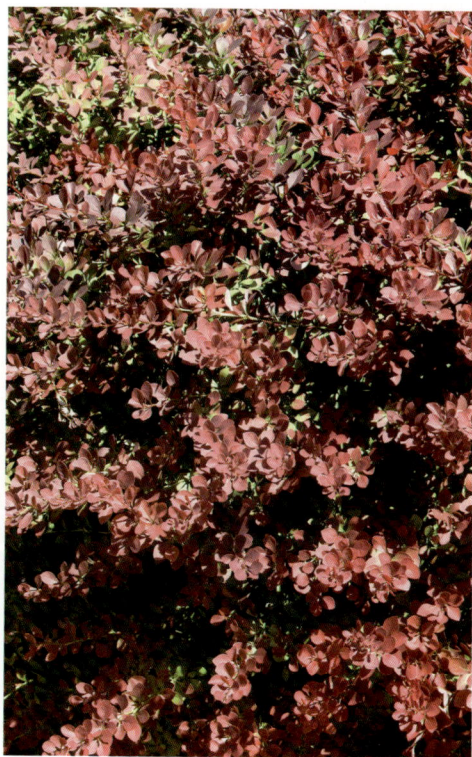

▲ 绿篱配置景观　　◀ 花枝　　▲ 植株

3 | 红花檵木 *Loropetalum chinense* var. *rubrum*

科属　金缕梅科　檵木属

形态特征　常绿灌木或小乔木，高 3～4 m。单叶互生，叶片卵圆形或椭圆形，先端短尖，基部圆而偏斜，全缘；新叶暗紫红色，成叶暗紫色。头状花序顶生，花紫红色。蒴果褐色，近卵形。花期 4～5 月；果期 8 月。

生态习性　产于我国湖南；长江中下游及以南地区广泛栽培。喜光，稍耐阴，但遮阴时叶色容易变绿；喜温暖气候，耐旱；萌芽力和发枝力强，耐修剪；适宜在肥沃、湿润的微酸性土壤中生长。

繁殖方法　扦插繁殖。

花　絮　红花檵木为株洲市花。

🪣 欣赏应用

红花檵木新叶紫红色，花开时节，满树红花，极为壮观，是花叶俱美的红（紫）色叶类常色叶彩叶树种。园林中常列植、作绿篱，或作其他造型；也适宜作盆景材料。

▲ 花枝　　　　　▲ 篱植景观

▲ 叶枝

▲ 植株

4 红宝石海棠 *Malus* 'Jewelberry'

科属 蔷薇科 苹果属

形态特征 落叶小乔木，高达3m。单叶互生，叶片椭圆形至长椭圆形；嫩芽和新叶血红色，成叶颜色变浅。伞形总状花序，花粉红色至玫瑰红色，完全开放后为白色，半重瓣或重瓣。梨果近球形，亮红色，犹如红宝石。花期4～5月；果期7～8月。

生态习性 本种是从欧美引入的观赏海棠新品种。我国华北等地有栽培。喜光，耐寒，耐瘠薄，适应性较强。

繁殖方法 嫁接、扦插繁殖。

🪣 **欣赏应用**

红宝石海棠新枝、新芽、新叶血红色，枝红、叶红、花红、果红，为枝、叶、花、果、树形俱美的红（紫）色叶类常色叶彩叶植物。常在庭院门旁或亭、廊两侧种植；也是草地和假山、湖石的配置材料及公园、街道绿化的优良树种。

▲ 树形（春色）

▼ 列植景观

◀ 花枝

◀ 叶枝（春色）

常色叶彩叶植物

5 | 紫叶稠李 *Prunus virginiana* 'Canada Red'

科属 蔷薇科 稠李属

形态特征 落叶乔木，高5～7m。单叶互生，叶片卵状椭圆形至倒卵形，先端尾尖，基部楔形；新叶褐色，成叶紫褐色。总状花序，花白色，下垂。核果球形，成熟时紫红色或紫黑色。花期4～5月；果期7～8月。

生态习性 原产于北美洲。我国北京、唐山、沈阳等地有栽培。喜光，耐寒，不耐干旱；对土壤适应性强，在肥沃、排水良好的沙质壤土上生长良好。

繁殖方法 扦插、嫁接繁殖。

🚿 欣赏应用

紫叶稠李树姿优美，叶色紫红，为红（紫）色叶类常色叶彩叶树种。园林中可孤植、对植、丛植、散植于草坪、河畔、山石旁，均可独成一景；或于窗外、亭阁周边、墙角转弯处种植，别有一番情趣。

▲ 树形

◀ 叶枝　　　◀ 果序枝　　　▲ 行道树景观

6 红叶石楠　*Photinia × fraseri* 'Red Robin'

科属　蔷薇科　石楠属

形态特征　常绿灌木，高 1～2 m。为光叶石楠与石楠的杂交种。单叶互生，叶革质，长圆形至倒卵状椭圆形；春、秋季新叶鲜红，冬季上部叶鲜红，下部叶转为绿色。复伞房花序，花白色。浆果红色。花期 4～5 月；果期 10 月。

生态习性　为国外引进的园艺品种。我国浙江、上海、江苏等地多栽培。喜光，稍耐阴；喜温暖、湿润气候；耐干旱瘠薄，不耐水湿。

繁殖方法　扦插繁殖。

🪣 **欣赏应用**

红叶石楠春秋季新叶鲜红，冬季变为深红，艳丽夺目，极具观赏价值，为红（紫）色叶类常色叶彩叶树种。园林中常作为色块植物片植，或与其他彩叶植物组合成各种图案；也可培育成主干不明显、丛生状的大灌木，群植成大型绿篱或幕墙。

▲ 叶枝

▲ 绿篱景观

◀ 植株

常色叶彩叶植物

7 紫叶风箱果 *Physocarpus opulifolius* 'Diabolo'

科属 蔷薇科 风箱果属

形态特征 落叶灌木，高 2~3 m。叶互生，叶片三角状卵形至广卵形，具浅裂，叶缘具重锯齿；生长期叶片紫红色，落叶前变成暗红色。伞形总状花序，花白色。蓇葖果红色。花期 5~6 月；果期 7~8 月。

生态习性 原产于北美东部地区。我国华北、华东地区有栽培。喜光，耐寒，生长势强，不择土壤。

繁殖方法 播种、扦插繁殖。

🪣 欣赏应用

紫叶风箱果，叶、花、果俱美，为红（紫）色叶类常色叶彩叶植物，是近年来引进的彩叶树种，适宜公园、绿地、路边、林缘等处栽培观赏；也可作背景材料种植。

果序枝

▲ 植株（春色）

▲ 群植景观

◀ 叶枝

8 紫叶矮樱 *Prunus × cistena*

科属 蔷薇科 李属

形态特征   落叶灌木或小乔木，高 1.8 ～ 2.5 m。是紫叶李和矮樱的杂交种。单叶互生，叶片长卵形或卵状长椭圆形，先端长渐尖，叶缘有不整齐的细钝齿；新叶亮紫红色，成叶变为紫色或深紫红色，叶背面紫红色更深。花单生，单瓣，淡粉红色，微香。花期 4 ～ 5 月。

生态习性   由美国引进。我国华北地区有栽培。喜光、稍耐阴，光照不足时叶色会泛绿；耐寒，忌水涝；适宜深厚、肥沃、排水良好的中性或者微酸性沙壤土。

繁殖方法   扦插、嫁接、压条繁殖。

💧 **欣赏应用**

紫叶矮樱树形紧凑，叶稠密，叶片紫红色，亮丽别致，整株色彩感良好，为红（紫）色叶类常色叶彩叶树种。在园林中，可作彩篱或色块栽植；也可制成盆景点缀居室、客厅。

▲ 花枝

▲ 叶枝

▲ 列植景观

▲ 树形（春色）

常色叶彩叶植物

9 美人梅 *Prunus* × *blireana* 'Meiren'

科属 蔷薇科 李属

形态特征 落叶小乔木，高 2～4m。单叶互生，叶片卵形至椭圆状卵形，先端渐尖，基部楔形至圆形，叶缘有细锯齿；新叶紫红色，成叶褐色。花深粉红色，重瓣，先叶开放。花期 3～4 月。

生态习性 欧洲育成的杂交种。我国华北等地有栽培。喜光，喜温暖气候，较耐寒；不耐涝，耐干旱瘠薄。

繁殖方法 扦插、嫁接繁殖。

🪣 欣赏应用

美人梅早春花先叶开放，猩红色的花朵布满全树，叶片亮紫红色，绚丽夺目，妩媚可爱，为优良的红（紫）色叶类常色叶彩叶植物。可孤植、片植或与绿色观叶植物配置于庭院或园路旁；也可群植，或成专类园。

叶枝（春色）

果枝

叶枝

▲ 列植景观

▲ 树形（春色）

▲ 树形（夏色）

▲ 列植景观

◀ 花枝

10 | 紫叶李   *Prunus cerasifera* 'Atropurpurea'

科属　蔷薇科　李属

形态特征　落叶小乔木，高6～8 m。单叶互生，叶片卵形至倒卵形；先端尖，基部宽楔形，缘有重锯齿；叶色常年红紫，春秋尤为艳丽。花常单生，单瓣，淡粉红色。果球形，暗红色。花期4～5月；果期5～7月。

生态习性　原产于亚洲西南部。我国华北及以南地区广泛栽培。喜光，喜温暖、湿润气候；对土壤要求不严，在肥沃、深厚而排水良好的中性或酸性土壤中生长良好。

繁殖方法　嫁接繁殖。

▲ 树形

🪣 欣赏应用

紫叶李叶色紫红鲜艳，可与红枫相媲美，观赏价值极高，为红（紫）色叶类常色叶彩叶树种。园林中可孤植于草坪上或花坛中，独立成景；也可列植于园路、公路两侧及建筑物四周，起到花廊和色带的景观效果。

▲ 花枝

▲ 果枝

▲ 叶枝

▲ 列植景观

11 金焰绣线菊 *Spiraea × bumalda* 'Gold Flame'

科属　蔷薇科　绣线菊属

形态特征　落叶灌木，高 50～80 cm。单叶互生，叶片卵状披针形，叶缘具锯齿；新梢顶端幼叶红色，夏季转为绿色，秋叶紫红色。花两性，伞房花序，粉红色。蓇葖果。花期 5～6月；果期 7～8 月。

生态习性　原产于美国。我国东北、华北、华东等地均有栽培。喜光、稍耐阴；喜湿润气候、耐寒、耐旱和盐碱；在排水良好、肥沃土壤中生长繁茂。

繁殖方法　扦插、播种、分株繁殖。

🪣 欣赏应用

金焰绣线菊新叶橙红色，夏季叶片绿色，秋季叶色红艳，季相变化丰富，为红（紫）色叶类常色叶彩叶植物。可孤植、丛植、群植，适宜花坛、花境、草坪、池畔、路边、林缘等处栽培观赏。

▲ 叶枝

▲ 丛植景观

◀ 花序

▲ 植株

常色叶彩叶植物

12 紫锦木 *Euphorbia cotinifolia*

科属 大戟科 大戟属　　　**别名** 俏黄栌

形态特征 常绿灌木或小乔木，高 2 ~ 3 m。单叶对生或 3 叶轮生，叶片三角状卵形至卵圆形，全缘；叶红褐色或暗紫红色。花顶生，淡黄色。蒴果。四季开花。

生态习性 原产于墨西哥及南美洲。我国华南地区有栽培，北方多温室栽培。喜高温、高湿和阳光充足环境，耐暑热，抗寒力低；适宜肥沃、疏松、排水良好的沙壤土。

繁殖方法 播种、扦插繁殖。

欣赏应用

紫锦木树姿优美，叶片终年红艳，是著名的红（紫）色叶类常色叶彩叶树种。园林中常用于路边、墙垣边栽培，也常孤植或群植于草地中或山石边；盆栽多用于布置会堂，点缀居室或窗台，显得轻盈婀娜、幽雅可爱，是目前欧美十分流行的新型室内观叶植物。

▲ 植株

▲ 绿篱配置景观

◀ 叶枝

13 | 紫叶黄栌 *Cotinus coggrgria* 'Purpureus'

科属 漆树科 黄栌属

形态特征 落叶灌木或小乔木，高达 5 m。单叶互生，叶片卵形至倒卵圆形，先端圆或微凹，全缘；春季呈鲜紫色，夏季暗紫色，秋季转为紫红色。圆锥状花序顶生，花杂性，小花黄色。核果小，肾形。花期 5～6 月；果期 7～8 月。

生态习性 为美国引进的品种。我国华北、华东等地有栽培。喜光，稍耐阴；耐寒、耐旱；耐贫瘠，在中性、微酸和微碱性土壤中都能生长。

繁殖方法 嫁接、扦插繁殖。

🪣 **欣赏应用**

紫叶黄栌春季叶色紫红，夏季变浅，秋季紫红。叶大而美丽，花序絮状，鲜红如雾，美不胜收，为红（紫）色叶类常色叶彩叶树种。园林中常用作园景树，或于草坪、角隅、建筑物前丛植或孤植。

▲ 丛植景观

▲ 叶枝

▲ 花序枝

常色叶彩叶植物

14　亮叶朱蕉　*Cordyline fruticosa* 'Aichiaka'

科属　龙舌兰科　朱蕉属

形态特征　常绿灌木，高 1～3 m。单叶互生，叶聚生于茎或枝的上端，叶片矩圆形至矩圆状披针形，先端渐尖，基部叶柄抱茎；新叶红色，成叶转为绿色或暗红色。圆锥花序，花淡红色、青紫色至黄色。花期 11～翌年 3 月。

生态习性　原产于亚洲热带和亚热带地区。我国华南地区广泛栽培。喜光，耐半阴；喜高温、多湿气候，不耐寒；适宜肥沃、排水良好的酸性土壤。

繁殖方法　扦插繁殖。

花　　絮　花语为绿色宣言，骄傲之意。

🪣 欣赏应用

亮叶朱蕉株形美观，色彩华丽高雅，为优良的红（紫）色叶类常色叶彩叶树种。适宜丛植或片植于草坪边缘、路边、庭院角隅，也可与其他叶形、叶色的种类混合配置；北方地区多盆栽观赏。

▲ 植株

▲ 绿篱配置景观

◀ 花枝

● 草本红（紫）色叶彩叶植物

1　赤 胫 散　*Polygonum runcinatum* var. *sinensis*

科属　蓼科　蓼属

形态特征　多年生草本，株高 20～50 cm。茎略带紫红色。叶互生，叶片卵形或三角状卵形，叶柄基部常有耳状抱茎；春季叶及叶脉暗紫色，后仅中央和主脉为紫红色。头状花序集成圆锥状，花白色或粉红色。花期 6～8 月。

生态习性　产于我国陕西、甘肃及长江以南地区。喜湿润，耐半阴，较耐寒；对土壤要求不严格。

繁殖方法　播种繁殖。

🪣 **欣赏应用**

赤胫散叶形奇特，叶色美丽，是优良的红（紫）色叶类常色叶彩叶植物。适宜公园、绿地路边、山石边栽培观赏；也可作地被及花境材料。

▲ 叶枝

▲ 植株

▲ 绿篱景观

常色叶彩叶植物

2 | 血苋 *Iresine herbstii*

科属 苋科 红叶苋属 　　**别名** 圆叶洋苋

形态特征 多年生草本，株高可达 1 m。茎枝艳红。叶对生，叶片不规则椭圆形至圆形，卷曲状；叶表面有黑褐色斑纹，背面深红色。

生态习性 原产于南美洲。我国南北各地有栽培。喜温暖、湿润气候，耐阴湿不耐寒。

繁殖方法 扦插繁殖。

欣赏应用

血苋茎色鲜红，叶色美丽，是优良的红（紫）色叶类常色叶彩叶植物。我国南方地区适宜庭园阴湿处丛植、列植或作花坛、花境材料；北方盆栽观赏。

▲ 叶片　　　　　　　▲ 植株　　　　　　　▲ 花序

▲ 丛植景观

3 胭脂红景天 *Sedum spurium* 'Coccineum'

科属　景天科　景天属

形态特征　多年生草本，株高 5～10 cm。叶对生，肉质，叶片卵形至楔形，叶缘上部锯齿状；叶表面胭脂红色，冬季为紫红色。花深粉色。花期 6～9 月。

生态习性　原产于欧洲高加索地区。我国华北、华东等地有栽培。喜光，耐寒，耐旱，忌水湿；对土壤要求不严格。

繁殖方法　扦插繁殖。

◀ 地被景观

欣赏应用

胭脂红景天叶片靓丽、红艳，为红（紫）色叶类常色叶彩叶植物。可栽植于树林下，是布置花境、花坛的优良植物材料。

常色叶彩叶植物

▲ 叶片

▲ 花枝

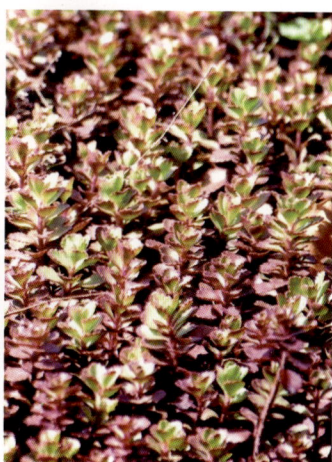

▲ 植株

4 | 紫叶酢浆草 *Oxalis violacea* 'Purpile Leaves'

科属　酢浆草科　酢浆草属

形态特征　多年生草本，株高 15～30 cm。叶基生，掌状复叶，小叶 3 枚，叶片倒三角形；叶紫红色。花序基生，白色，端部呈浅粉色。花期从春季开始，长达数月。

生态习性　原产于南美。我国各地有栽培。喜湿润、通风良好的环境，较耐寒，耐干旱；适宜疏松、肥沃、排水良好的砂质土壤。

繁殖方法　分株、扦插繁殖。

欣赏应用

紫叶酢浆草叶片好似翩翩起舞的飞蝶，呈艳丽的紫红色，为红（紫）色叶类常色叶彩叶植物。适宜作花坛、花境材料；也可盆栽观赏。

▲ 花钵配置

▲ 花枝

▲ 叶片

▲ 植株

5 | 观赏谷子 *Pennisetum glaucum* 'Purple Majesty'

科属 禾本科 狼尾草属   **别名** 紫御谷

形态特征 一年生草本，株高 1～2 m。叶片宽条形；叶色紫色至深紫色。圆锥花序紧密呈柱状。颖果倒卵形。花期夏季；果期秋季。

生态习性 原产于非洲。我国华北、华东等有栽培。喜光，耐半阴，耐干旱；适宜疏松、肥沃的壤土。

繁殖方法 播种繁殖。

🪣 欣赏应用

观赏谷子叶色雅致，是近年来推出的红（紫）色叶类常色叶彩叶植物。适宜在公园、绿地的路边、水岸、山石或墙垣旁片植观赏；也可作插花材料。

▲ 植株

▲ 花序枝

▲ 叶片

▲ 丛植景观

常色叶彩叶植物

6 │ 紫叶鸭跖草 *Setcreasea purpurea*

科属　鸭跖草科　紫叶鸭跖草属　　　**别名**　紫叶草　紫竹梅

形态特征　多年生草本，株高 20～30 cm。茎紫褐色。叶基抱茎，叶片阔披针形，先端锐尖，全缘；叶面紫红色。花小，数朵聚生枝端的 2 枚叶状苞片内，紫红色。花期 5～9 月。

生态习性　原产于墨西哥。我国各地广泛栽培。喜阳光充足，温暖、湿润，不耐寒；对土壤要求不严格。

繁殖方法　分株、扦插繁殖。

🪣 **欣赏应用**

紫叶鸭跖草，茎叶均为紫红色，是优良的红（紫）色叶类常色彩叶植物。园林中多用于花坛、花境、地被栽培观赏；北方地区多盆栽观赏。

▲ 叶枝　　　　　　　　　▲ 植株

▲ 丛植景观　　　　　　　　　　　　　◀ 花朵

7 紫叶美人蕉 *Canna warscewiezii*

科属 美人蕉科 美人蕉属

形态特征 多年生草本，株高达1.5 m。茎粗壮，紫红色，被蜡质白粉。叶片卵形或卵状长圆形，紫红色。总状花序，花紫红色。花期秋季。

生态习性 原产于南美洲。我国各地常有栽培。喜光，喜温暖、湿润气候，不耐寒；适宜湿润、肥沃、疏松的沙壤土。

繁殖方法 播种、分株繁殖。

🪣 欣赏应用

紫叶美人蕉叶片紫色，花大色艳，易栽培，观赏价值高，为红（紫）色叶类常色叶彩叶植物。园林中常丛植或片植，用作花坛、花境及水边绿化；也可盆栽观赏。

▲ 植株

◀ 花序

▲ 丛植景观

叶片 ▶

8 | 紫背竹芋 *Stromanthe sanguinea*

科属 竹芋科 花竹芋属　　　**别名** 红背竹芋

形态特征　多年生常绿草本，株高 30 ~ 100 cm。叶片长椭圆形至宽披针形，具鞘；叶面深绿色，革质有光泽，叶背面紫血红色。穗状花序，苞片及萼片红色，花白色。花期春季。

生态习性　原产于中美洲及巴西。我国南部各省区有栽培。喜温暖、潮湿和半阴环境，不耐寒；适宜肥沃、疏松、排水良好的砂质土壤。

繁殖方法　扦插、分株繁殖。

🪣 欣赏应用

紫背竹芋叶色美观，花艳丽，观赏性极强，为红（紫）色叶类常色叶彩叶植物。华南地区可植于庭院、公园的林荫下或路旁片植、丛植或与其他植物配植栽培观赏；也可盆栽或作插花材料。

▲ 花序

▲ 叶片

▲ 植株

9 矾根 *Heuchera micrantha*

科属 虎耳草科 矾根属

形态特征 多年生常绿草本，株高 15 ~ 20 cm。茎匍匐。掌状 3 小叶，叶片倒卵形；叶深紫色。花白色。花期 5 ~ 6 月。

生态习性 本品由欧洲引进。我国华北、华东等地有栽培。喜光，耐半阴；不耐高温、干旱，较耐寒；适宜湿润、排水良好的土壤。

繁殖方法 播种、分根繁殖。

欣赏应用

矾根深紫色的叶美丽，为红（紫）色叶类常色叶彩叶植物。园林中多用于地被、花境及庭院栽培观赏。

叶片 ▶

▲ 植株

▲ 地被景观

● 木本白（银灰）色叶彩叶植物

1 白杆 *Picea meyeri*

科属 松科 云杉属

形态特征 常绿乔木，高达 30 m。树冠狭圆锥形。针叶四棱状条形，微弯曲，先端微钝；叶常年灰绿色。球果圆柱形，熟时黄褐色。花期 4 月；果期 9 ～ 10 月。

生态习性 产于我国山西、河北、内蒙古等地；北京、青岛、济南有栽培。喜光，幼时耐阴；喜凉爽、湿润的气候，较耐寒；适宜肥沃、排水良好的微酸性沙质土壤。

繁殖方法 播种、扦插繁殖。

🪣 **欣赏应用**

白杆树姿端庄，针叶常年灰绿色，为白（银灰）色叶类常色叶彩叶树种。常用于公园、庭院绿化，孤植、对植、丛植皆适宜。

▲ 树形

▲ 天然林景观　　◀ 雄球花枝　　◀ 叶枝

2 蓝粉云杉 *Picea pungens* 'Glauca'

科属 松科 云杉属

形态特征 常绿乔木，高9～18 m。树冠圆锥形。针叶四棱形，粗壮，向上弯曲生长；叶近于银白色。球果。

生态习性 原产于北美洲。我国北京、大连、沈阳等地有栽培。喜光，耐半阴；喜凉爽、湿润气候，较耐寒；适宜潮湿土壤。

繁殖方法 播种繁殖。

欣赏应用

蓝粉云杉叶色银白，为白（银灰）色叶类常色叶彩叶树种，是较为稀有的绿化造园树种，可孤植、列植或丛植栽培观赏。

▲ 球果枝

▲ 叶枝

常色叶彩叶植物

▲ 树形

▲ 丛植景观

3　沙　枣　*Elaeagnus angustifolia*

| 科属 | 胡颓子科　胡颓子属 | 别名 | 桂香柳 |

形态特征　落叶灌木或小乔木，高 5～10 m。幼枝密被银白色鳞片。叶薄纸质，叶片椭圆状披针形至线状披针形，先端尖或钝，基部广楔形；叶两面均密被白色鳞片，有光泽。花 1～3 朵生于小枝下部叶腋，花被外面银白色，内面黄色。核果橙黄色。花期 5～6 月；果期 9～10 月。

生态习性　产于我国西北、华北、东北等地。喜光，耐干冷气候，抗风沙；在干旱、低湿及盐碱地也能生长。

繁殖方法　播种、扦插繁殖。

🪣 欣赏应用

沙枣叶片银白色，秋果橙黄色，为白（银灰）色叶类常色叶彩叶树种。可植于庭园观赏，也可作行道树或绿篱；由于其抗性强，可营造防护林。

▲ 树形

▲ 行道树景观

▲ 果序枝

▲ 花序枝

▲ 叶枝

4 银叶霸王棕 *Bismarckia nobilis*

科属 棕榈科 霸王棕属 　　　**别名** 俾斯麦棕

形态特征 常绿乔木，高 15～30 m。茎单生，粗壮。叶片宽圆扇形，掌状深裂，裂片 20～40 片，先端钝，裂口处常有下垂的丝状纤维；叶蜡质，叶面蓝灰色。雌雄异株，雄花序具 4～7 红褐色小花轴，雌花序较长而粗。果球形，褐色。

生态习性 原产于非洲马达加斯加西部。我国华南及东南地区有引种栽培。喜阳光充足，气候温热、排水良好的环境，较耐旱。

繁殖方法 播种繁殖。

欣赏应用

银叶霸王棕株形高大雄伟，叶形美丽，为白（银灰）色叶类常色叶彩叶树种，是深受欢迎的棕榈植物之一，适宜庭园栽培或作行道树。

◀ 叶片

▲ 树形

▲ 列植景观

● 草本白（银灰）色叶彩叶植物

1 | 银叶菊 *Senecio cineraria*

科属 菊科　千里光属　　　**别名** 雪叶菊

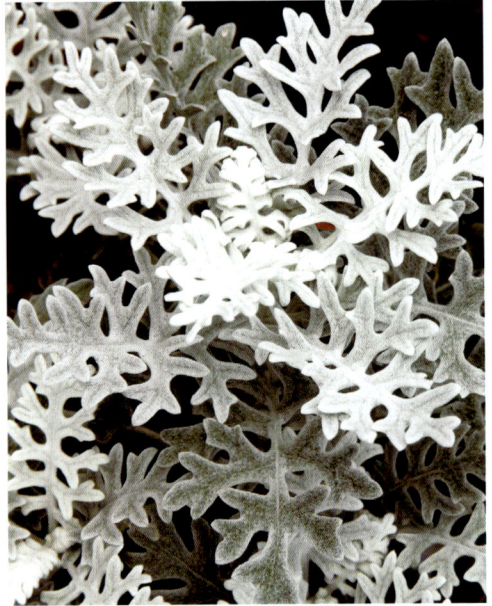

▲ 植株

形态特征　多年生草本，株高 15 ～ 40 cm。茎直立，全株被白色绒毛。叶匙形或羽状裂；叶表面被银白色柔毛，叶片缺裂，如雪花图案。头状花序成紧密伞房状，花小，黄色。花期 6 ～ 9 月；果期 7 ～ 10 月。

生态习性　原产于南欧。我国各地有栽培。喜光，较耐寒，不耐高温；适宜疏松、肥沃的砂质壤土。

繁殖方法　播种、分株、扦插繁殖。

🪴 欣赏应用

银叶菊银白色的叶片远看像一片白云，全株银白色，为白（银灰）色叶类常色叶彩叶植物。多用于布置花坛、花境或作地被植物；也可盆栽观赏。

▲ 盆花群景观　　　　　　　　　　　　　　　◀ 叶片

2　芙蓉菊　*Crossostephium chinense*

科属　菊科　芙蓉菊属

形态特征　多年生草本或亚灌木，株高 30～60 cm。叶互生，叶片匙形或倒披针形，两面密生白色绒毛，具香气。头状花序，金黄色。花期秋冬季。

生态习性　产于我国台湾，南方地区多有栽培。喜光，喜高温、湿润气候；适宜肥沃、排水良好砂质壤土。

繁殖方法　播种、扦插繁殖。

🪣 欣赏应用

芙蓉菊叶色雅致，为少见的白（银灰）色叶类常色叶彩叶植物。在我国南方被视为吉祥植物，园林中常用作地被、花坛、花境等；也适宜盆栽观赏。

▲ 植株

◀ 叶片

▲ 立体花坛景观

▲ 立体花坛景观

常色叶彩叶植物

3 | 松萝铁兰 *Tillandsia usneoides*

科属 凤梨科 铁兰属   **别名** 老人须 空气草

形态特征 草本气生类植物，植株下垂生长，茎长，纤细。叶片互生，半圆形，长 3～4 cm，叶表面密被银白色鳞片。穗状花序，小花腋生，黄绿色，花萼紫色，芳香。蒴果，成熟时自动开裂。

生态习性 产于美国南部、阿根廷中部，中南美洲等地。我国有栽培。在原产地，生长在海拔 0～2400 m 的树上或电线杆上，耐寒力极强，主要靠自我吸收空气中水分及营养成分生长。

繁殖方法 分株繁殖。

欣赏应用

松萝铁兰，像一顶假发，一团胡须，高悬在半空中，不见水土滋养，是一种非常神奇的植物，为白（银灰）色叶类常色叶彩叶植物。既可用于户外悬挂观赏，也可用于室内装饰，很受爱好者的追捧。

▲ 悬挂景观

▲ 叶枝

▲ 植株

▲ 室内悬挂景观

4 剑 麻 *Agave sisalana*

科属 龙舌兰科 龙舌兰属

形态特征 多年生草本，高达 2 m。叶呈莲座式排列，叶刚直，肉质，剑形；叶初被白粉，后脱落呈深蓝色。圆锥花序，花黄绿色。蒴果，花期秋冬季。

生态习性 原产于中美洲。我国华南等地有栽培。喜光，喜温暖、湿润气候，稍耐旱；适宜疏松、排水良好的土壤。

繁殖方法 根插、分株繁殖。

欣赏应用

剑麻株形挺拔，叶片刚直，为白（银灰）色叶类常色叶彩叶植物。园林中可用于花坛和山石边栽培观赏；也可用于多肉植物专类园。

▲ 叶片

▲ 植株

▲ 路侧分车绿带配置景观

（一）

常色叶彩叶植物

4 斑色叶类彩叶植物

1 **金星球桧** *Sabina chinensis* 'Aureoglobosa'

科属 柏科 圆柏属

形态特征 常绿灌木或小乔木，高 3～5 m。树冠近球形或塔形，枝密生。小枝具刺叶及鳞叶；刺叶中脉及叶缘黄绿色，嫩枝端的鳞叶金黄色。果球形，被白粉，翌年成熟。

生态习性 产于我国北部及中部；现各地广为栽培。喜光，幼树稍耐阴；较耐寒，耐干旱瘠薄；耐修剪，适应性强。

繁殖方法 扦插繁殖。

🪣 欣赏应用

金星球桧绿叶丛中夹杂着金黄色枝叶，黄绿相间，愈加鲜艳夺目，为斑色叶类常色叶彩叶树种。常作庭园观赏树；也可行植、列植、丛植栽培观赏。

◀ 球果枝

◀ 叶枝

▲ 丛植景观

2 花叶竹柏 *Podocarpus nagi* 'Cacsias'

科属 罗汉松科 竹柏属

形态特征 常绿乔木，高达 20 m。叶交互对生，厚革质，叶片宽披针形或椭圆状披针形；叶边缘有大小不一的白边。雌雄异株。种子核果状，圆球形。花期 3～4 月；种子 10 月成熟。

生态习性 产于我国东南部及华南地区。较耐阴，喜温暖、湿润气候，不耐寒；适宜深厚、疏松土壤。

繁殖方法 播种、扦插繁殖。

🌿 欣赏应用

花叶竹柏树形优美，叶奇特，观赏性强，为斑色叶类常色叶彩叶树种。适宜庭园和作行道树栽培观赏。

▲ 叶枝

▲ 丛植景观

▲ 树形

3 | 花叶橡皮树 *Ficus elastica* 'Variegata'

科属 桑科 榕属　　**别名** 斑叶橡皮树

形态特征　常绿乔木，原种高达 30 m。为印度橡皮树的栽培品种。单叶互生，叶片长圆形至椭圆形，厚革质，先端钝，基部圆，全缘；叶面深绿色，具乳白色或黄白色的斑纹。隐花果成对生于叶腋。花期 3 ~ 4 月；果期 5 ~ 7 月。

生态习性　原产于印度、缅甸。我国华南地区有栽培。喜光，耐半阴；喜温暖、湿润气候，耐干旱；适宜疏松、肥沃和排水良好的微酸性土壤。

繁殖方法　扦插、分株繁殖。

🪴 **欣赏应用**

花叶橡皮树叶片宽大而有光泽，具有美丽的色斑，树形丰茂而端庄，为斑色叶类常色叶彩叶树种。可作庭荫树、观赏树；也适宜室内盆栽观赏。

▲ 树形　　▲ 盆栽

▲ 孤赏树景观　　叶片 ▶

4　花叶叶子花　*Bougainvillea glabra* 'Variegata'

科属　紫茉莉科　叶子花属

形态特征　常绿藤状灌木，藤茎 4～6 m。单叶互生，叶片卵状椭圆形，先端渐尖，基部楔形，全缘；叶面及边缘有不规则黄色斑块，有时全叶黄色。花紫红色。花期 3～12 月。

生态习性　原种产于热带非洲。我国南方地区有栽培。喜光，喜温暖、湿润气候，不耐寒；对土壤要求不严。

繁殖方法　扦插、嫁接、分株繁殖。

花　絮　为赞比亚国花。为厦门、惠安、深圳、珠海、惠州、江门、屏东市花。
　　花语为热情，夏日恋情，陶醉。

欣赏应用

花叶叶子花枝叶浓密，叶色黄绿交错，花色艳丽，花期长，为斑色叶类常色叶彩叶树种。园林中可作棚架、绿篱或墙面绿化；也可盆栽观赏。

▲ 植株

▲ 组合配置景观

◀ 叶枝

常色叶彩叶植物

5 | 银边绣球 *Hydrangea macrophylla* 'Maculata'

科属 虎耳草科　八仙花属　　**别名** 银边八仙花

形态特征　半常绿灌木，高 3～4 m。为八仙花的栽培品种。单叶对生，叶片倒卵形至椭圆形，先端尖，基部圆形至广楔形，叶缘有粗锯齿；叶缘有白色斑块，成叶稍淡。顶生伞房花序，花粉红色、蓝色或白色。花期 6～7 月。

生态习性　我国长江流域广泛栽培。喜半阴，不耐强光；喜温暖、湿润气候，耐寒性不强；适宜疏松、肥沃、排水良好的酸性土壤，土壤酸碱度对花色影响很大。

繁殖方法　分株、扦插繁殖。

花　絮　传说当年八仙过海前，在八仙桌野餐时，何仙姑见这里山清水秀、风光如画，便洒下仙花种子，以便锦上添花。次年，在八仙山地区遍开八色鲜花，故人们称此花为八仙花。
　　花语为希望、健康、团圆、美满。

🪴 欣赏应用

银边绣球叶色斑斓，花大色艳，是花叶俱美的斑色叶类常色叶彩叶树种。园林中可作花篱、花境等；也可盆栽观赏。

▲ 叶片

▲ 丛植景观

▲ 花坛配置景观

▲ 植株

6 | 彩叶红桑　*Acalypha wilkesiana* 'Mussaica'

科属　大戟科　铁苋菜属

形态特征　常绿灌木，高 80～150 cm。单叶互生，叶片卵形或菱状卵形，先端长渐尖，基部圆钝，叶缘具不规则锯齿；叶面浅绿色或浅红至深红色，叶缘红色。雌雄花异序。花期全年。

生态习性　原产于热带。我国华南、西南等地有栽培。喜光，不耐阴；喜高温、多湿环境，抗寒力差，不耐霜冻；适宜肥沃土壤。

繁殖方法　播种、分株、扦插繁殖。

🪴 欣赏应用

彩叶红桑叶色斑斓多彩，植株古朴凝重，端庄典雅，为斑色叶类常色叶彩叶树种。在我国南方地区可作庭院、公园的绿篱和观叶灌木，或配植在灌木丛中点缀色彩；也可室内盆栽观赏。

▲ 花坛配置景观

▲ 叶枝

▲ 绿篱配置景观

▲ 植株

常色叶彩叶植物

7 | 红边铁苋 *Acalypha wilkesiana* var. *marginata*

科属　大戟科　铁苋菜属　　　　**别名**　红边铁苋菜　红边桑

形态特征　常绿灌木，高达 2 m。为红桑的栽培品种。单叶互生，叶片长椭圆形，先端渐尖，基部楔形，叶缘具锯齿；叶面绿色或暗绿色，边缘红色。花期 5～7 月；果期 7～10 月。

生态习性　原产于斐济。我国华南地区有栽培。喜光，喜温暖、湿润环境，耐寒性不强；适宜疏松、肥沃、通风良好的壤土。

繁殖方法　扦插繁殖。

🪴 欣赏应用

红边铁苋习性强健，叶色美观，是优良的斑色叶类常色叶彩叶树种。园林中适宜路边、墙垣边及林缘绿化观赏；盆栽可用于室内装饰或庭院观赏。

▲ 植株

▲ 绿篱景观　　　　　　　　　　　　　◀ 叶片

8　镶边旋叶红桑　*Acalypha wilkesiana* 'Hoffmanii'

科属　大戟科　铁苋菜属

形态特征　常绿灌木，高达 2.5 m。为红桑的栽培品种。单叶互生，叶片卵圆形，旋钮状，叶缘具锯齿；叶缘黄白色。穗状花序，花小，单性。蒴果。

生态习性　原产于亚洲热带及太平洋诸岛。我国海南有栽培。喜光，喜暖热多湿气候，不耐寒。

繁殖方法　扦插繁殖。

🪴 **欣赏应用**

镶边旋叶红桑，叶边缘有黄白色的斑纹，甚奇特，为斑色叶类常色叶彩叶树种。适宜庭园布置；也可盆栽观赏。

◀ 叶片

▲ 植株

▲ 绿篱景观

9 | 变叶木 *Codiaeum variegatum*

科属 大戟科 变叶木属　　**别名** 洒金榕

形态特征 常绿灌木或小乔木，高达 3 m。叶互生，厚革质，其叶色、叶形、叶大小及着生状态变化较大，从椭圆形至匙形，叶片平展到扭曲，甚至中部开裂；叶片幼时通常为绿色或红色，成叶表面有各种红、黄、绿色不规则斑纹。总状花序腋生，雌雄同株，花小，白色。蒴果近球形或稍扁。花期 3～5 月。

生态习性 原产于马来西亚。我国华南地区广泛栽培，北方多盆栽。喜光，也耐阴；喜温暖、湿润气候，不耐寒；适宜酸性肥沃的土壤。

繁殖方法 扦插、压条繁殖。

花　絮 花语为娇艳，娇俏。

🪴 **欣赏应用**

变叶木株形优美，叶形奇特，叶色变化丰富，是著名的斑色叶类常色叶彩叶树种。华南地区多用于花坛、绿地和庭园美化；北方多盆栽和作切花材料。

▲ 植株

▲ 丛植景观　　　　　　　　　　　　▲ 花序　　　▲ 叶片

10 | 洒金变叶木 *Codiaeum variegatum* 'Aucubaefolium'

科属　大戟科　变叶木属

形态特征　常绿灌木，为变叶木的栽培品种。叶片条形至矩圆形多变，全缘或分裂，扁平，或呈波状、螺旋扭曲；叶片绿色，叶面布满大小不等的金黄色斑点。

其他特征及内容同变叶木。

▲ 植株

▲ 树球

▲ 叶片

11 金光变叶木 *Codiaeum variegatum* 'Chrysophylum'

科属 大戟科 变叶木属　　**别名** 金光洒金榕

形态特征　常绿灌木，为变叶木的栽培品种。叶片长椭圆形，先端尖，基部楔形，全缘；叶面具不规则黄金色斑。

其他特征及内容同变叶木。

▲ 叶片

▲ 植株

▲ 丛植景观

12 | 雉鸡尾变叶木 *Codiaeum variegatum* 'Delicatissimum'

科属 大戟科 变叶木属

形态特征 常绿灌木，为变叶木的栽培品种。叶线形，形状像雉鸡尾巴；叶面深绿色，叶脉黄色至褐红色。

其他特征及内容同变叶木。

▲ 叶片

▲ 植株

▲ 动物造型景观

13 | 琴叶变叶木 *Codiaeum variegatum* 'Excellent'

科属 大戟科 变叶木属 　　**别名** 仙戟变叶木

形态特征　常绿灌木，为变叶木的栽培品种。叶片戟形，叶面深绿色至墨绿色；叶脉及叶缘黄色或为桃红色斑纹，乃至全叶金黄色。

🌱 其他特征及内容同变叶木。

▲ 植株　　　　▲ 叶片　　　　▲ 盆栽

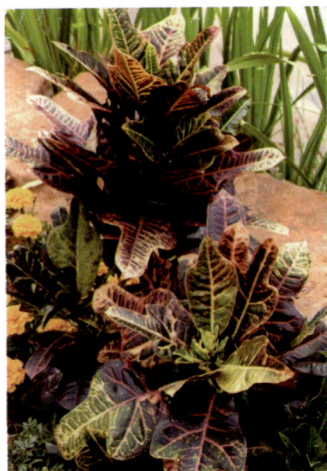

▲ 丛植景观

14 | 花叶木薯 *Manihot esculenta* 'Variegata'

科属 大戟科 木薯属 　　　**别名** 斑叶木薯

形态特征 直立亚灌木，高 1.5～3 m。单叶互生，掌状 3～7 深裂或全裂，裂片倒披针形至狭椭圆形，先端渐尖，全缘；叶面绿色，在叶片基部及裂片近中脉附近有不规则的黄色或白色斑块，叶柄红色。圆锥花序顶生或腋生，花浅黄色或带紫红色。花期 8～10 月。

生态习性 原产于美洲热带地区。我国中、南部地区有栽培。喜阳光充足，温暖环境，不耐寒；适宜肥沃、疏松、排水良好的微酸性壤土。

繁殖方法 分株、扦插繁殖。

欣赏应用

花叶木薯株形美观，叶色斑斓，红色叶柄，显得十分绚丽，为优良的斑色叶类常色叶彩叶树种。适宜庭院、绿地的路边、草地边缘绿化；也可盆栽观赏。

叶片 ▶

丛植景观 ▶

▲ 盆花群景观

▲ 植株

常色叶彩叶植物

15 雪花木 *Breynia nivosa*

科属 大戟科 黑面神属   **别名** 白雪树

形态特征 常绿小灌木，高 50 ~ 120 cm。单叶互生，叶片圆形或阔卵形，先端钝，基部歪斜，全缘；嫩叶白色，后为绿色带白色斑，成叶绿色。花小，单性同株，无花瓣。浆果。花期夏秋季。

生态习性 原产于玻利维亚。我国南方有栽培。喜光，喜高温、多湿气候，耐寒性差；适宜疏松、肥沃、排水良好的砂质壤土。

繁殖方法 扦插、压条繁殖。

叶枝 ▶

🪴 欣赏应用

雪花木叶色斑斓，株形优美，是优良的斑色叶类常色叶彩叶树种。适宜庭院、公园、居民区绿化，可丛植、列植，或群植于路边、山石边等处；也可盆栽观赏。

花坛配置景观 ▶

▲ 丛植景观

▲ 植株

16　斑叶红雀珊瑚　*Pedilanthus tithymaloides* 'Variegatus'

| 科属 | 大戟科　红雀珊瑚属 | 别名 | 龙凤木 |

形态特征　多浆灌木，高 1～2 m。单叶互生，叶片卵圆形至倒卵形，先端尖，叶缘波状；叶绿色，具白色和红色斑块。聚伞花序顶生，花小，鲜红色或紫色。花期夏季。

生态习性　原产于美洲热带地区。我国华南地区有栽培。喜温暖、湿润和半阴的环境；适宜肥沃、排水良好的沙质土壤。

繁殖方法　扦插、分株繁殖。

叶枝 ▶

🌿 **欣赏应用**

斑叶红雀珊瑚株形丰满，叶色美观，花形别致，为斑色叶类常色叶彩叶树种。温暖地区可露地栽培观赏；盆栽可装饰居室。

▲ 植株

▲ 丛植景观

常色叶彩叶植物

17 | 金边大叶黄杨 *Euonymus japonicus* 'Aureo-marginatus'

| 科属 | 卫矛科　卫矛属 | 别名 | 金边冬青卫矛 |

形态特征　常绿灌木或小乔木，高达 8 m。为大叶黄杨的栽培品种。单叶对生，叶片倒卵状椭圆形，叶缘有锯齿，革质光亮；叶面浓绿色，叶边缘金黄色。聚伞花序、腋生，花绿白色。蒴果扁球形。花期 5～6 月；果期 9～10 月。

生态习性　原产于日本南部。我国北京以南地区广泛栽培。喜光，稍耐阴；喜温暖、湿润气候，稍耐寒；适宜肥沃、排水良好的沙壤土。

繁殖方法　扦插、嫁接、压条繁殖。

叶片

🪣 欣赏应用

金边大叶黄杨叶色艳丽、斑斓，是优良的斑色叶类常色叶彩叶树种。园林中常作绿篱栽培，可用于道路、广场、花坛或分车道绿化；也可修剪成球形或其他造型，适合规则式的对称配置。

▲ 绿篱配置景观

▲ 绿篱景观

▲ 植株

18 金心大叶黄杨 *Euonymus japonicus* 'Aureo-pictus'

科属 卫矛科 卫矛属

形态特征 常绿灌木或小乔木。为大叶黄杨的栽培品种。单叶对生，革质，叶片倒卵形或椭圆形，叶缘具有浅钝锯齿，光滑；叶表面绿色，中央有金黄色斑块，有时金黄色延伸至叶柄。

其他特征及内容同金边大叶黄杨。

▲ 树球

▲ 植株

▲ 绿篱景观

▲ 叶片

19 金边瑞香 *Daphne odora* 'Aureomarginata'

科属　瑞香科　瑞香属

形态特征　常绿灌木，高 1.5～2 m。单叶互生，叶片长椭圆形至倒披针形，先端钝尖，基部楔形，全缘；叶面绿色，边缘有黄色镶边，全年可保持鲜艳的色彩。头状花序顶生，白色或淡红紫色，浓香。花期 3～4 月。

生态习性　产于我国长江流域。喜半阴，喜温暖、湿润环境，不耐寒；适宜酸性肥沃的土壤，忌积水。

繁殖方法　播种、分株、扦插繁殖。

花　絮　传说，唐朝时庐山有一位名叫瑞香的俏丽村姑，与邻居樵哥相恋。正筹备婚事时，唐明皇到庐山游览，派钦差选妃，瑞香姑娘被选中，但她誓死不从，撞死在巨石上，化作点点小花，芳香四溢。后人便将此花命名为瑞香。

金边瑞香为南昌市花。

▲ 植株

欣赏应用

金边瑞香叶片整齐碧绿，叶缘镶有金边，黄似金、翠似玉，繁花似锦，清香浓郁，为优良的斑色叶类常色叶彩叶树种。园林中可用作绿篱，点缀于花坛、路边、林缘；还可盆栽观赏。

▲ 盆花群景观　　　◀ 叶片　　　◀ 花枝

20 锦叶榄仁 *Terminalia mantaly* 'Tricolor'

科属　使君子科　榄仁树属

形态特征　落叶乔木，高达 10 m。为小叶榄仁树的栽培品种。侧枝轮生，呈水平展开。叶丛生枝顶，叶片椭圆状倒卵形；叶面淡绿色，具乳白或乳黄色斑块，新叶呈粉红色。圆锥花序，花小，红色。

生态习性　原产于非洲。我国华南、云南等地有栽培。喜光，喜温暖、湿润气候；适宜土层深厚、疏松、肥沃微酸性的砂质土壤。

繁殖方法　分株、嫁接繁殖。

🪣 欣赏应用

锦叶榄仁分枝层次分明，全株似雪花披被，颇为壮观，风格独特，是少见的斑色叶类常色叶彩叶树种。常用作庭园树、行道树等。

▲ 丛植景观

◀ 叶枝

21 花叶鹅掌藤 *Schefflera arboricola* 'Variegata'

科属 五加科 鹅掌柴属

形态特征 常绿灌木，高2～3m。掌状复叶，小叶7～9 (11) 枚，叶片倒卵形至长椭圆形，先端尖或钝，基部渐狭，全缘；叶绿色，叶面具不规则乳黄色至浅黄色斑块。伞形花序总状排列，下垂。花期7～10月。

生态习性 原产于我国华南、西南等热带、亚热带地区；华南地区广泛栽培，北方多盆栽。喜半阴，喜温暖、湿润气候，不耐寒；适宜肥沃、酸性土壤。

繁殖方法 扦插、压条繁殖。

🌿 **欣赏应用**

花叶鹅掌藤植株丰满，树冠整齐优美，叶色斑斓秀丽，为斑色叶类常色叶彩叶树种。园林中常用于住宅区道旁、墙角或草坪边缘丛植、孤植；也可盆栽观赏。

丛植景观 ▶

◀ 叶片

▲ 绿篱景观

22 洒金桃叶珊瑚 *Aucuba japonica* 'Variegata'

科属 山茱萸科 桃叶珊瑚属 　　**别名** 洒金东瀛珊瑚

形态特征 常绿灌木，高 1～4 m。单叶对生，叶片椭圆形至长椭圆形，先端钝尖，基部楔形，边缘疏生锯齿，革质；叶面绿色，散生大小不等的黄色或淡黄色的斑点。圆锥花序顶生，花小，紫红色。浆果状核果，鲜红色。

生态习性 原产于中国及日本。我国长江流域以南地区广泛栽培。喜冷凉气候，极耐阴，忌高温多湿；适宜肥沃、排水良好的土壤。

繁殖方法 扦插繁殖。

🪴 欣赏应用

洒金桃叶珊瑚叶片黄绿相间、星星点点，十分美丽，是优良的斑色叶类常色叶彩叶树种。园林中最宜成片栽植于绿地遮阴处或高大乔木下，也可修剪成球形或绿篱；北方多盆栽观赏。

▲ 叶片

▲ 丛植景观

▲ 花池配置景观

▲ 植株

常色叶彩叶植物

23 | 金边连翘　*Forsythia suspensa* 'Jinbian'

科属　木犀科　连翘属

形态特征　落叶灌木，高达 3 m。为连翘的栽培变种。单叶对生，叶片卵形或椭圆形，先端锐尖，基部圆形至宽楔形，叶缘具粗锯齿；叶边缘金黄色。花常单生，金黄色。蒴果阔卵形。花期 3～4 月；果期 9 月。

生态习性　产于我国北部及中部地区，各地较广泛栽培。喜光，稍耐阴；耐寒，怕涝；耐干旱、瘠薄，不择土壤。

繁殖方法　播种、扦插、分株、压条繁殖。

🪴 欣赏应用

金边连翘花色金黄，早春先叶开放，满枝金黄，叶面绿色，边缘金黄色，黄绿相间、色彩斑斓，是既可观叶又可观花的斑色叶类常色叶彩叶树种。适宜丛植于草坪、角隅、岩石假山下、路缘、转角处，及作基础种植或作花篱等。

▲ 植株

◀ 叶枝

▲ 绿篱景观

24 | 银姬小蜡 *Ligustrum sinense* 'Variegatum'

科属　木犀科　女贞属　　　　**别名**　斑叶小蜡

形态特征　常绿灌木，高 3 ~ 4 m。为小蜡的栽培品种。单叶对生，叶厚纸质或薄革质，叶片椭圆形或卵状椭圆形，先端钝圆、基部楔形，全缘；叶面灰绿色，有白色或乳黄色斑块。圆锥花序顶生或腋生，花白色。花期 4 ~ 6 月；果期 9 ~ 10 月。

生态习性　产于我国长江流域以南地区。喜光，稍耐寒，耐干旱；适宜肥沃的砂壤土。

繁殖方法　分株、扦插繁殖。

欣赏应用

银姬小蜡株型秀丽，叶色斑斓，为斑色叶类常色叶彩叶树种。可修剪成质感细腻的地被色块、绿篱和球形，与其他色块植物配置，彩化效果更突出；也适宜盆栽观赏。

▲ 树球

▲ 植株

◀ 叶枝

常色叶彩叶植物

25 ∣ 金边假连翘　*Duranta repens* 'Marginata'

科属　马鞭草科　假连翘属

形态特征　常绿灌木，高 3～4 m。单叶对生，叶片卵状椭圆形或倒卵形，基部楔形，边缘在中部以上有锯齿；叶缘有不规则的黄色斑块。总状花序顶生或腋生，花冠蓝紫色。核果肉质，金黄色。花期全年。

生态习性　原产于热带美洲。我国华南地区多栽培。喜光照充足，稍耐阴，耐寒性差；适宜排水良好的土壤。

繁殖方法　扦插、播种繁殖。

🪴 欣赏应用

金边假连翘叶色艳丽，四季开花，既可观花又可赏叶，是花、叶、果俱美的斑色叶类常色叶彩叶树种。园林中可作绿篱、庭院美化；也可盆栽观赏。

▲ 丛植景观　　▲ 植株

▲ 绿篱景观　　◀ 叶片

26 银脉爵床 *Aphelandra squarrosa*

科属 爵床科 单药花属　　**别名** 银脉单药花

形态特征　常绿小灌木，高 50～80 cm。叶对生，叶片长椭圆形，先端尖，叶缘波状；叶片绿色有光泽，叶面具有明显白色条纹状叶脉。穗状花序顶生或腋生，苞片较大，金黄或橙黄色。花期夏、秋季，但在适宜的条件下全年都可开花。

生态习性　原产于巴西。我国华南地区有栽培。喜光照充足，温暖、湿润的环境，不耐寒；适宜疏松、肥沃的土壤。

▲ 叶枝　　　　　　　　　　▲ 植株

繁殖方法　分株、扦插繁殖。

🪣 **欣赏应用**

银脉爵床叶色清秀，苞片金黄，十分醒目，为斑色叶类常色叶彩叶树种。适宜公园、风景区或庭院等路边、花坛等栽培；也多盆栽观赏。

常色叶彩叶植物

▲ 盆花群景观　　　　　　　　　　　　　　　　▲ 花序枝

27 | 斑叶六月雪 *Serissa japonica* 'Variegata'

科属　茜草科　六月雪属

形态特征　常绿或半常绿灌木，高达 1 m。单叶对生或簇生状，叶片狭椭圆形，全缘，革质；叶面及叶缘有白色或黄白色斑纹。花小，白色。花期 6～7 月。

生态习性　原产于日本、中国。我国南方有栽培，北方多盆栽。喜温暖、阴湿环境，不耐寒；萌芽力强，耐修剪。

繁殖方法　扦插、分株繁殖。

花　絮　花语为思念，青春，真心喜欢。

🌿 欣赏应用

斑叶六月雪叶色斑斓，为斑色叶类常色叶彩叶树种。温暖地区可植于林下、溪边、路边作地被、绿篱栽培；也是盆栽和制作盆景的上好材料。

▲ 植株

▲ 丛植景观

◀ 叶枝

28 花叶锦带花 *Weigela florida* 'Variegata'

科属　忍冬科　锦带花属

形态特征　落叶灌木，高1～3m。单叶对生，叶片卵圆形或卵状椭圆形，先端渐尖，基部圆形，叶缘有锯齿；新叶黄绿色，有白色斑块，成叶变浅。聚伞花序，通常1～4朵，淡粉红色。花期4～5月。

生态习性　产于我国东北南部、华北等地。喜光，耐半阴，耐寒；耐干旱、瘠薄，怕水涝。

繁殖方法　扦插、分株繁殖。

🪴 欣赏应用

花叶锦带花春季新叶绿、白、黄相间，富于变化，粉色花朵布满植株，格外华丽，是叶、花兼备的斑色叶类常色叶彩叶树种。园林中可广泛种植于道旁、林缘、草坪或花境中观赏；也可列植形成彩叶花篱。

花枝 ▶

◀ 叶枝

▲ 植株

▲ 花篱配置景观

29 | 白纹阴阳竹 *Hibanobambusa tranguillans f. shiroshima*

科属 禾本科 阴阳竹属

形态特征 杆散生，直立，杆高3~5m，径1~3cm。小枝具叶7~9枚，叶片线状披针形，先端渐尖，基部阔楔形；叶片绿色有白色纵条纹，杆、枝也呈现少数白色条纹。笋期5月。

生态习性 原产于日本。我国华北、华东等地有引种栽培。喜温暖、湿润环境；适宜肥沃、湿润、排水良好的酸性砂质壤土。

繁殖方法 分株繁殖。

🌿 **欣赏应用**

白纹阴阳竹株型秀美，枝叶飘逸，色彩靓丽，是著名的斑色叶类常色叶彩叶树种。适宜作地被竹或盆栽观赏。

◀ 叶片

植株 ▶

▲ 丛植景观

30 菲黄竹 *Sasa anricoma*

科属　禾本科　赤竹属

形态特征　矮生竹类，地下茎复轴混生，杆高达 1.2 m，径 2～2.5 mm。小枝具叶 3～4 枚，叶片披针形，先端渐尖，基部圆形；嫩叶淡黄色，具绿色纵条纹，成叶为绿色。笋期 4 月。

生态习性　原产于日本。我国华中、华东等地有栽培。耐阴，喜温暖、湿润气候，较耐寒；适宜肥沃、疏松、排水良好的砂质土壤。

繁殖方法　分株、扦插繁殖。

🪣 欣赏应用

菲黄竹株丛低矮，枝叶密集，株形俏丽，叶色淡黄具绿色条纹，是斑色叶类常色叶彩叶树种。在园林中可作地被竹布置于屋旁墙隅；也可用作矮篱，点缀山石；还可盆栽或制作山石盆景。

▲ 植株

▲ 群植景观

◀ 叶片

31 | 菲白竹 *Sasa fortunei*

科属 禾本科 赤竹属

形态特征 矮生竹类,地下茎复轴混生,杆高 0.5 ~ 1.5 m,径 3 ~ 4 mm。小枝具叶 4 ~ 7 枚,叶片披针形,绿色,两面均具白色柔毛;叶面通常有黄色或浅黄色乃至于近于白色的纵条纹。笋期 4 ~ 6 月。

生态习性 原产于日本。我国华北、华东等地有栽培。喜半阴,喜温暖、湿润气候;不择土壤。

繁殖方法 播种、分株、扦插繁殖。

🖌 欣赏应用

菲白竹株丛低矮,枝叶稠密,叶色翠绿具白色条纹,是优良的斑色叶类常色叶彩叶树种。园林中常用于公园、庭园,作地被、绿篱或与假石相配置栽培观赏;也是盆栽或制作盆景的好材料。

▲ 植株

▲ 群植景观

▲ 丛植景观

▲ 叶枝

32 斑叶棕竹　*Rhapis excelsa* 'Variegata'

科属　棕榈科　棕竹属　　　**别名**　花叶棕竹

形态特征　常绿丛生灌木，高达3 m。为棕竹的栽培品种。茎干圆柱形，有节。叶掌状深裂，小叶2～20枚，裂片线状披针形；叶片深绿有光泽，叶片有黄色或白色斑纹，有时甚至整个叶片都呈金黄色或白色。花单性，雌雄异株，佛焰花序，佛焰苞2～3。浆果球形。

生态习性　我国华南地区有栽培。稍耐阴，喜温暖、湿润的环境；适宜疏松、透气良好的土壤。

繁殖方法　分株繁殖。

🌿 欣赏应用

斑叶棕竹株形潇洒，碧绿的叶片上分布着白色或金黄色的斑纹，色彩斑斓，奇特而美观，是斑色叶类常色叶彩叶树种。常用于阴湿环境植物配置；也可用作中、小型盆栽，布置于厅堂、居室、阳台等处。

▲ 叶片

▲ 植株

▲ 盆栽

33　梦幻朱蕉　*Cordyline fruticosa* 'Dreamy'

科属　龙舌兰科　朱蕉属

形态特征　常绿灌木，高1～3 m。为朱蕉的栽培品种。单叶互生，叶片披针状长椭圆形，先端尖，基部狭成一个有槽而抱茎的叶柄；叶绿色，叶面有红、绿、粉红和白色等条纹。顶生圆锥花序由总状花序组成，花淡红至青紫色。浆果球形。花期5～6月。

生态习性　原产于亚洲热带和亚热带地区。我国华南地区广为栽培。喜光，稍耐阴，忌强光直射；喜高温、湿润环境，不耐寒；适宜酸性肥沃土壤。

繁殖方法　扦插繁殖。

欣赏应用

梦幻朱蕉叶色条纹多彩，华贵高雅，为斑色叶类常色叶彩叶树种。南方各地常露地栽培观赏；北方多盆栽作居室布置；也是插花材料。

▲ 植株

▲ 绿篱配置景观

◀ 叶片

34 红边朱蕉 *Cordyline fruticosa* 'Red Edge'

科属 龙舌兰科 朱蕉属

形态特征 常绿灌木，高 1～3 m。为朱蕉的栽培品种。单叶互生，聚生于茎的上部，叶片披针状长椭圆形；叶暗绿色或紫褐色，边缘桃红色。圆锥花序顶生，花白色或暗紫色。浆果球形。花期 5～6 月。

生态习性 我国华南、西南地区多栽培。喜光，耐半阴；喜温暖、湿润环境，不耐寒；适宜肥沃、排水良好的土壤。

繁殖方法 扦插、分株繁殖。

欣赏应用

红边朱蕉株形优雅，叶色美丽，为斑色叶类常色叶彩叶树种。常植于庭园观赏或花坛配置；也可盆栽观赏。

▲ 丛植景观

▲ 植株

▲ 绿篱景观

常色叶彩叶植物

35 | 金边香龙血树 *Dracaena fragrans* 'Victoria'

科属 龙舌兰科 龙血树属　　**别名** 金边巴西铁

形态特征 常绿乔木，茎直立，无分枝。为香龙血树的栽培品种。叶簇生于茎顶，叶片宽大，长椭圆状披针形，绿色；叶缘具深黄色斑带。顶生圆锥花序，花小，乳黄色，芳香。

生态习性 原产于非洲西部。我国中、南部地区广为栽培，北方多盆栽。喜光，喜高温、多湿的环境，不耐寒；适宜肥沃、含钙量高、排水良好的土壤。

繁殖方法 扦插、压条繁殖。

🪴 欣赏应用

金边香龙血树株型美观，叶片边缘有金黄色斑带，为斑色叶类常色叶彩叶植物。适宜盆栽，用来布置会场或点缀居室，显得华丽高雅。

▲ 叶片　　　　▲ 植株

▲ 盆花群景观

36 金边富贵竹 *Dracaena sandericna* 'Golden Edge'

科属	龙舌兰科 龙血树属	别名	仙达龙血树

形态特征 常绿灌木，高 1～1.5 m。植株单茎，直立，一般不分枝。叶互生，叶片长披针形；叶绿色，叶缘有金黄色纵条纹。伞形花序，花冠紫色。浆果近球形，黑色。

生态习性 原产于喀麦隆及刚果一带。我国热带地区多栽培。喜阳光充足；喜高温、多湿的环境，不耐寒；适宜疏松的砂壤土。

繁殖方法 扦插、分株繁殖。

🪣 欣赏应用

金边富贵竹绿叶金边，色彩绚丽，是常见的斑色叶类常色彩叶树种。适宜盆栽观赏；也可作切花材料。

◀ 叶片

▲ 盆栽

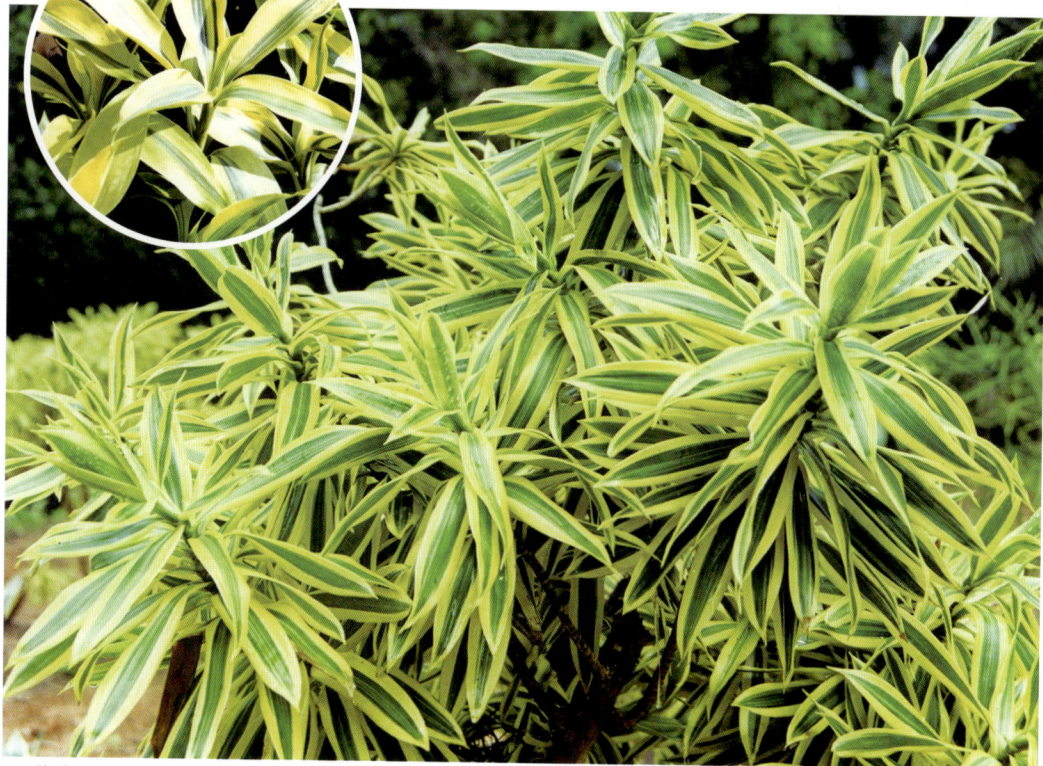

▲ 植株

37 | 金边百合竹 *Dracaena reflexa* 'Variegata'

科属 龙舌兰科 龙血树属

形态特征 常绿灌木，高达 9 m。为百合竹的栽培品种。叶丛生于茎端，革质，叶片剑状披针形，全缘；叶色浓绿，富有光泽，叶缘乳黄色至金黄色。花冠浅黄至白色，花萼常下弯。浆果亮红色。

生态习性 原产于马达加斯加。我国华南等地有栽培，喜半阴、高温、多湿环境；耐旱、耐湿、不耐寒；适宜疏松、肥沃的土壤。

繁殖方法 扦插、分株繁殖。

🪴 欣赏应用

金边百合竹株形美观，叶色艳丽，是观赏性极佳的斑色叶类常色叶彩叶树种。易植于庭园半阴处栽培观赏；也适宜居室盆栽或作插花花材。

▲ 植株

▲ 花序

▲ 丛植景株

◀ 叶片

● 草本斑色叶彩叶植物

1　银脉凤尾蕨　*Pteris ensiformis* 'Victoriae'

| 科属 | 凤尾蕨科　凤尾蕨属 | 别名 | 白羽凤尾蕨　白斑凤尾蕨 |

形态特征　多年生常绿草本，株高 20 ~ 40 cm。丛生叶，小叶线形或呈羽状，掌状三深裂，叶缘波状有锯齿；叶表面绿色，叶脉为银白色。

生态习性　原产于马来西亚、澳大利亚。我国南方多栽培，北方盆栽。喜温暖、湿润和半阴环境，耐寒性较强，稍耐旱；适宜肥沃、排水良好的钙质土壤。

繁殖方法　分株、扦插繁殖。

🪴 欣赏应用

银脉凤尾蕨叶丛小巧细柔，叶脉银白色，姿态清秀，素雅美丽，为斑色叶类常色叶彩叶植物。适宜盆栽，点缀窗台、阳台、案头和书桌；还可作插花配叶材料。

▲ 盆栽

▲ 植株

▲ 叶枝

常色叶彩叶植物

2 | 冷水花 *Pilea cadierei*

科属　荨麻科　冰水花属　　　　**别名**　花叶冷水花

形态特征　多年生常绿草本，株高 15～40 cm。叶对生，叶片卵状椭圆形，先端尖，叶缘有浅锯齿；叶表面底色为绿色，有三条纵条纹主脉，主脉间杂以银白色的斑纹，叶背绿色。聚伞花序顶生，小花白色。花期 6～9 月；果期 9～11 月。

生态习性　原产于东南亚。我国中南部地区有栽培。喜散射光，较耐阴；喜温暖、湿润的环境；适宜富含有机质的土壤。

繁殖方法　播种、分株繁殖。

花　　絮　花语为爱的别离。

🌿 **欣赏应用**

> 冷水花株丛小巧素雅，叶色绿白分明，纹样美丽，夏秋时节开黄白色小花，为斑色叶类常色叶彩叶植物。在温暖地区作地被植物；也可盆栽陈设于书房、卧室，清雅宜人。

▲ 植株

▲ 花序

▲ 群植景观　　　　　　　　　　　　　　　◀ 叶片

3 雁来红 *Amaranthus tricolor*

科属 苋科 苋属　　　　**别名** 老来少 三色苋

形态特征 一年生草本，株高 80～150 cm。单叶互生，叶片卵状椭圆形至披针形；幼叶绿色或紫红色，秋季顶生新叶常呈红色、紫色、黄色或杂有其他颜色。花小，多数，密集成簇，腋生或在茎顶形成下垂的穗状花序。花期 5～8 月；果期 7～9 月。

生态习性 原产于亚洲。我国各地普遍栽培。喜阳光充足、湿润和通风的环境，不耐寒；适宜肥沃、排水良好的砂质土壤。

繁殖方法 播种、分株繁殖。

🌿 **欣赏应用**

雁来红色彩艳丽，顶生叶尤为鲜红耀眼，是优良的斑色叶类常色叶彩叶植物。园林中适宜作花坛、花境或在庭园种植；也可盆栽观赏。

▲ 植株

▲ 花序枝

◀ 叶片

▲ 花带配置景观

常色叶彩叶植物

4 羽衣甘蓝 *Brassica oleracea* var. *acephala*

科属 十字花科　芸薹属　　　**别名** 叶牡丹　牡丹菜

形态特征 二年生草本，株高 30～40 cm，抽薹后高可达 100～120 cm。叶片肥厚，倒卵形，被有蜡粉；外部叶片呈粉蓝绿色，边缘叶呈细波状皱褶，内叶叶色极为丰富，有紫红、粉红、白、牙黄、黄绿等色。总状花序顶生。长角果圆柱形。花期 4～5 月；果期 5～6 月。

生态习性 原产于地中海沿岸。我国各地广泛栽培。喜阳光，短日照；喜冷凉气候，极耐盐碱；适宜肥沃土壤。

繁殖方法 播种繁殖。

花　絮 羽衣甘蓝与竹子一样，是日本过年时不可或缺的植物装饰品，代表"吉祥如意""富贵圆满"的意思。他们多半将它装饰于玄关壁龛上，布置于大门口，或者切下来插于水中，视为珍贵的装饰品。
　　花语为祝福，利益，吉祥如意，富贵圆满。

🪣 欣赏应用

羽衣甘蓝叶形美观多变，色彩绚丽如花，为极佳的斑色叶类常色叶彩叶植物。常用于布置花坛，形成规则式图案或模纹变化；也是盆栽观花植物的佳品。

▲ 叶片

▲ 丛植景观

▲ 植株

▲ 花坛配置景观

5 | 白花三叶草　*Trifolium repens*

| 科属 | 豆科　车轴草属 | 别名 | 白三叶　白车轴草 |

形态特征　多年生草本，茎匍匐。掌状复叶，3 小叶互生，小叶倒卵形，先端圆或凹陷，基部楔形，叶缘具细锯齿；叶表面中部有倒"V"型淡白斑。头状花序生于叶腋，花冠白色。荚果倒卵状矩形。花期 4～6 月；果期 8～10 月。

生态习性　原产于欧洲。我国东北、华北、西南地区有栽培。喜温暖、向阳环境，稍耐阴；耐旱，耐寒，不耐盐碱；对土壤要求不严。

繁殖方法　播种、分根繁殖。

🪣 欣赏应用

白花三叶草叶色美丽，繁殖容易，管理粗放，为斑色叶类常色叶彩叶植物。园林中常用于林下或作观赏地被和花境材料；也可用于固土护坡、绿化栽培。

▲ 植株

常色叶彩叶植物

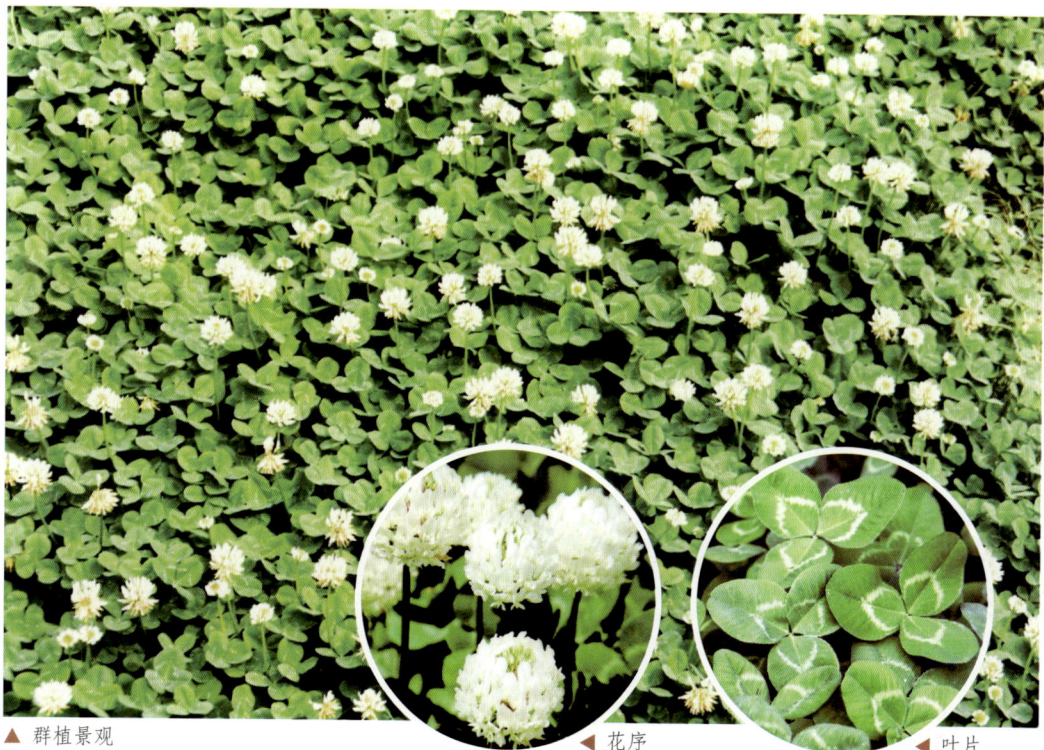

▲ 群植景观　　　◀ 花序　　　◀ 叶片

6 | 马蹄纹天竺葵 *Pelargonium zonale*

科属   牻牛儿苗科   天竺葵属   **别名**   蹄纹天竺葵

形态特征   多年生直立草本或亚灌木，株高 30 ～ 80 cm。单叶互生，叶片心状圆形或卵状盾形，边缘具钝圆浅齿；叶表面具浓褐色马蹄状斑纹。伞形花序腋生，花深红至白色。花期夏季至冬季。

生态习性   原产于非洲南部。我国各地有栽培。喜光照充足、凉爽的环境，忌高温，严寒，不耐水湿；适宜肥沃、排水良好的土壤。

繁殖方法   播种、扦插繁殖。

花   絮   德国、西班牙和匈牙利等国都十分重视天竺葵的生产和育种，匈牙利还将多姿多彩的天竺葵定为国花。

花语为爱情，安乐，决心，友情。

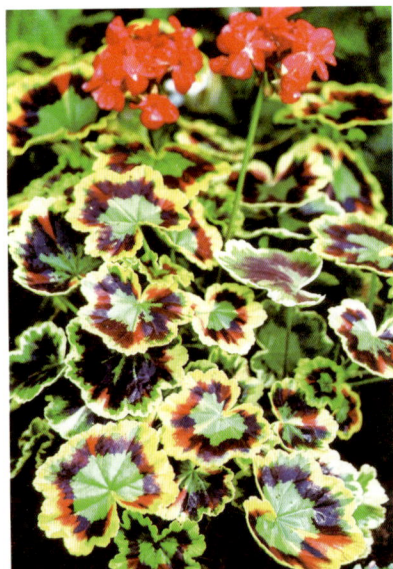

▲ 植株

🪣 欣赏应用

马蹄纹天竺葵叶形、叶色均非常美丽，花色艳丽多彩，为斑色叶类常色叶彩叶植物。是盆栽观花、赏叶的优良材料；在冬暖夏凉的地区，可露地栽植，是布置花坛、花境、花带或草地边缘装饰、点缀的极好材料。

▲ 群植景观   ◀ 叶片

7　银边翠　*Euphorbia marginata*

科属　大戟科　大戟属　　　　**别名**　高山积雪

形态特征　一年生草本，株高 50～80 cm。植株下部叶互生，顶端叶轮生，叶片卵形至长圆形，先端凸尖；叶片边缘或叶片大部分可变为银白色。花 3 朵簇生于枝顶，花下有 2 枚大型苞片。花期 7～9 月。

生态习性　原产于北美洲。我国各地较广泛栽培。喜温暖、向阳环境，耐干旱，不耐寒；适宜疏松、肥沃土壤。

繁殖方法　播种、扦插繁殖。

▲ 植株

🪴 **欣赏应用**

银边翠顶叶呈银白色，与下部绿叶相映，犹如高山积雪，为斑色叶类常色叶彩叶植物。常用于地被栽培或花坛、花境的配置材料；也可盆栽或作切花材料。

▲ 叶枝

▲ 花朵枝

▲ 丛植景观

8 | 铁十字秋海棠 *Begonia masoniana*

科属 秋海棠科 秋海棠属

形态特征   多年生草本，根茎横卧肉质。叶基生，叶片近心形，叶缘具锯齿；叶表面有独特的泡状突起刺毛，黄绿色，沿主脉有一近十字形的紫褐色斑纹。花小，黄绿色。花期5～7月。

生态习性   原产于墨西哥。我国多室内栽培。喜温暖、多湿环境，不耐寒；适宜疏松、肥沃土壤。

繁殖方法   分株、扦插繁殖。

▲ 盆栽

欣赏应用

铁十字秋海棠叶形秀美，叶片具斑纹，为斑色叶类常色叶彩叶植物。常盆栽用于点缀客厅、阳台、茶几，十分清新幽雅。若配装上优质艺术吊盆，悬挂室内，更显得可爱。

▲ 植株

▲ 叶片

9 彩叶草 *Coleus blumei*

科属 唇形科　鞘蕊花属　　**别名** 锦紫苏　洋紫苏

形态特征 多年生草本，常作一二年生栽培，株高 50～90 cm。单叶对生，叶片卵圆形，边缘具粗锯齿，常有深缺刻；叶表面绿色，具黄、红、紫等不同色彩和斑纹。总状花序顶生，小花二唇形，上唇白色，下唇淡蓝色或白色。小坚果，宽卵圆形。花期 7～9 月；果期 8～10 月。

生态习性 原产于印度尼西亚爪哇岛。我国广泛栽培。喜光，也稍耐阴；喜温暖、湿润、通风良好的环境；适宜疏松、肥沃、排水良好的土壤。

繁殖方法 播种、扦插繁殖。

花　絮 花语为花——绝望的恋情，叶——善良的家风。

🪴 **欣赏应用**

彩叶草叶片色彩艳丽，品种繁多，繁殖容易，为应用较广的斑色叶类常色叶彩叶植物。园林中常用于路边、花坛、林缘绿化或作镶边材料；盆栽可置于案几、窗台、阳台等处观赏；也是制作花篮、花束的配叶材料。

▲ 植株　　　　　▲ 花序枝

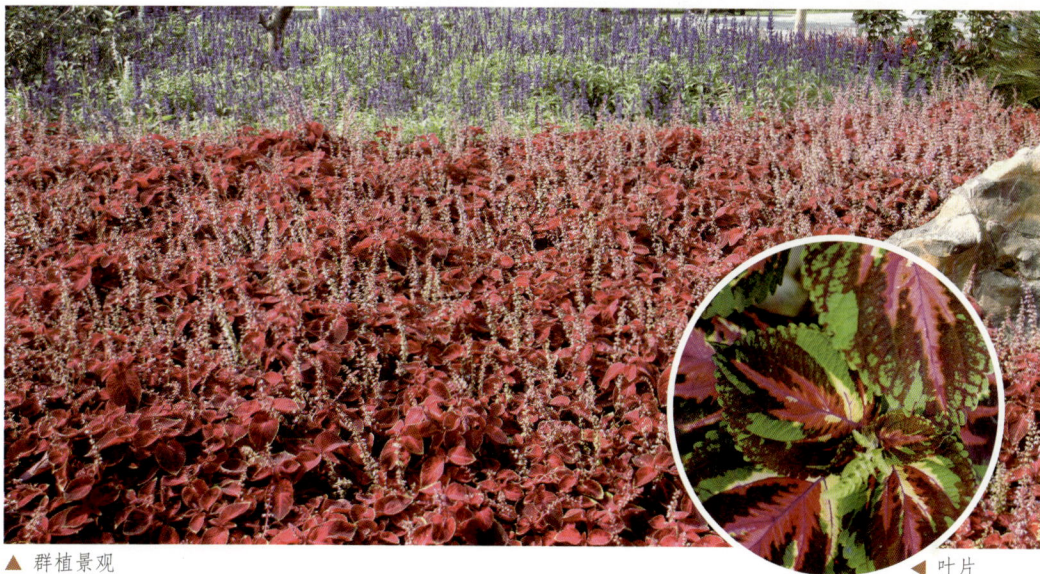

▲ 群植景观　　　　　◀ 叶片

常色叶彩叶植物

10　小叶白网纹草

Fittonia verschaffeltii. var. *argyroneura* 'Minima'

科属　爵床科　网纹草属　　别名　银网草

形态特征　多年生草本，株高 5～20 cm。单叶对生，叶片卵形或椭圆形；叶翠绿色，叶脉具银白色网纹。穗状花序，顶生，花小，黄色。花期 6～7 月。

生态习性　原产于秘鲁和南非热带雨林。我国华南地区有栽培，北方多盆栽。喜高温、高湿及半阴的环境，不耐寒；适宜疏松、肥沃、保水性强的土壤。

繁殖方法　扦插、分株繁殖。

▲ 植株

欣赏应用

小叶白网纹草叶面上布满白色网状叶脉，清晰高雅，为观赏性极佳的斑色叶类常色叶彩叶植物。适宜盆栽装饰室内，或以吊栽美化空间，是目前在欧美十分流行的盆栽品种。

▲ 盆花群景观

▲ 群植景观　　　　　　　　　　　◀ 叶片

11 丽蚌草 *Arrhenatherum elatius* 'Tuberosum'

科属 禾本科 草芦属 　　　**别名** 玉带草

形态特征 多年生草本，株高 20～50 cm。叶丛生，叶片线形，抱茎；叶浅绿色，边缘具黄色或白色条纹，质地柔软，形似玉带。圆锥花序，具长梗，有分枝。花期 6～7 月。

生态习性 原产于北美及欧洲。我国各地广为栽培。喜光，喜温暖、湿润环境；耐寒，耐水湿；对土壤要求不严，适宜砂质土。

繁殖方法 分株、扦插繁殖。

▲ 植株

▲ 叶片

🌿 欣赏应用

丽蚌草叶色多彩，质地柔软，形似玉带，为斑色叶类常色叶彩叶植物。在园林中可以为路边花境、花坛镶边；也可作水景背景材料，还可盆栽或作切花材料。

▲ 群植景观

▲ 花序枝

12 | 花叶芦竹 *Arundo donax* 'Versicolor'

科属　禾本科　芦竹属

形态特征　多年生草本，株高 1～3 m。为芦竹的栽培品种。叶互生，排成二列，叶片线状披针形；叶灰绿色，有黄或白色纵条纹，依季节不同，条纹常有变化，4～5 月多白色，6 月以后绿纹增多，盛夏时新抽出的叶全为绿色。圆锥花序大型顶生。颖果细小黑色。花、果期 9～12 月。

生态习性　原产于地中海地区。我国大部分地区有栽培。喜光、喜温暖、湿润环境；适宜肥沃、疏松、排水良好的土壤。

繁殖方法　分株、扦插、播种繁殖。

🪴 欣赏应用

花叶芦竹植物高大挺拔，形状似竹，叶色黄白相间，叶片随风摇曳，色彩、姿态俱佳，为斑色叶类常色叶彩叶植物。主要用于水景园的背景材料；也可点缀于桥、亭、榭四周；还可盆栽用于庭院观赏。

▲ 花序枝　　　　▲ 叶枝

▲ 植株　　　　▲ 群植景观

13　花 叶 芒　*Miscanthus sinensis* 'Variegatus'

科属　禾本科　芒属

形态特征　多年生草本，株高1.5～1.8 m。为芒的栽培品种。叶片呈拱形向地面弯曲，呈喷泉状；叶片浅绿色，有奶白色条纹，条纹与叶片等长。圆锥花序顶生，红褐色。花期9～10月。

生态习性　原产于欧洲地中海地区。我国华北及以南地区多栽培。喜光，耐半阴；耐旱也耐涝；对土壤要求不严。

繁殖方法　分株繁殖。

🌿 欣赏应用

花叶芒叶形秀美，为斑色叶类常色叶彩叶植物。主要作为园林景观中的点缀植物，可用于花坛、花境、岩石园；还可作假山、湖边的背景材料；也可盆栽观赏。

▲ 花序枝　　　　▲ 叶片

▲ 群植景观

常色叶彩叶植物

14 | 斑 叶 芒 *Miscanthus sinensis* 'Zebrinus'

科属 禾本科 芒属

形态特征 多年生草本，株高 1.2 m。为芒的栽培品种。叶面具不规则的黄白色环状斑，斑纹横截叶片。

🌱 其他特征与内容同花叶芒。

▲ 丛植景观

▲ 植株

▲ 盆栽

▲ 叶枝

15 ｜ 白柄粗肋草　*Aglaonema commulatum* 'White Rajah'

科属　天南星科　广东万年青属　　**别名**　白雪公主

形态特征　多年生常绿草本，株高 30 ~ 50 cm。叶片长椭圆形，先端渐尖，基部楔形；叶面鲜绿色，具白色斑纹。肉穗花序数个聚生。浆果。花期春季。

生态习性　原产于菲律宾、马来西亚。我国各地多室内栽培。喜高温、湿润环境，耐半阴；适宜肥沃、疏松土壤。

繁殖方法　扦插、分株繁殖。

🪴 欣赏应用

白柄粗肋草叶色美观，叶柄洁白，为斑色叶类常色叶彩叶植物。多作盆栽，适宜客厅、卧室摆放观赏。

▲ 叶枝　　　　　　　　▲ 植株

▲ 丛植景观

16 花叶万年青 *Dieffenbachia picta*

科属　天南星科　花叶万年青属　　　**别名**　黛粉叶

形态特征　多年生常绿草本，株高可达1m。叶大，常集生茎顶部，叶片椭圆形，先端短渐尖，基部近圆形；叶面深绿色，其上镶嵌着密集、不规则的白色、乳白、淡黄色等色彩不一的斑块。肉穗花序，佛焰苞淡绿色，下部呈筒状。花期4～6月。

生态习性　原产于南美洲。我国南方地区普遍栽培，北方多盆栽。喜温暖、湿润和半阴环境，不耐寒；适宜疏松、肥沃的砂质土壤。

繁殖方法　分株、扦插繁殖。

▲ 植株

🪴 欣赏应用

花叶万年青叶片宽大，叶色美丽，为斑色叶类常色叶彩叶植物。是备受推崇的室内盆栽观叶植物，多盆栽供厅堂、会议室等装饰；枝叶还可用于插花。

◀ 叶片

▲ 盆栽

17 白蝶合果芋 *Syngonium podophyllum* 'White Butterfly'

科属　天南星科　合果芋属

形态特征　多年生常绿蔓性草本。叶片盾形，丛生；叶面淡绿色，中央和叶脉及周边浅白绿色。

生态习性　原产于中美、南美洲热带雨林。我国有栽培。喜光，稍耐阴；喜温暖环境；适宜疏松、肥沃的砂质壤土。

繁殖方法　分株、扦插繁殖。

🪣 欣赏应用

白蝶合果芋叶形奇特，好似纷飞蝴蝶的翅膀，为斑色叶类常色叶彩叶植物。主要用作室内观叶盆栽；在温暖地区室外半阴处，可作篱架、背景、攀墙和铺地材料。

植株 ▶

◀ 常色叶彩叶植物

▲ 地被景观　　　　　　　　　　　◀ 叶片

18 | 黑叶观音莲 *Alocasia × mortfontanensis*

科属　天南星科　海芋属　　　　**别名**　观音莲　美叶芋

形态特征　多年生常绿草本。叶箭形盾状，先端尖，叶缘具齿状缺刻；叶面墨绿色，叶脉银白色，叶背紫褐色。花序肉穗状，佛焰苞白色。花期初夏。

生态习性　原产于亚洲热带。我国多盆栽。喜温暖、湿润环境，稍耐阴，耐水湿；适宜肥沃、疏松、排水良好的壤土。

繁殖方法　分株、分球繁殖。

花　絮　花语为幸福，纯洁，永结同心，吉祥如意。

🌿 **欣赏应用**

黑叶观音莲株形紧凑直挺，叶形美观，叶色墨绿，叶脉清晰如画，极富诗情画意，为风格独特的斑色叶类常色叶彩叶植物。可盆栽布置书房、客厅、卧室和办公室等处，显得高贵典雅。

▲ 植株

叶片 ▶

▲ 盆花群景观

19 吊竹梅 *Zebrina pendula*

科属 鸭跖草科 吊竹梅属　　别名 紫斑鸭跖草 吊竹兰

形态特征 多年生常绿草本。茎蔓生或呈匍匐状，多分枝。单叶互生，叶片卵状椭圆形，先端尖，全缘；叶表面淡绿色，中脉部及边缘淡紫色，具两条银白色纵条纹，背面紫红色。花小，紫红色，数朵聚生于 2 枚紫红色的叶状苞片内，腋生。

生态习性 原产于墨西哥。我国各地均有栽培。喜温暖、湿润、半阴的环境，不耐寒；适宜疏松、肥沃的砂质土壤。

繁殖方法 分株、扦插、压条繁殖。

🌿 欣赏应用

吊竹梅植株匍匐下垂，叶色绚丽，为斑色叶类常色叶彩叶植物。适宜作室内吊盆栽培欣赏；在华南地区可作地被植物栽培。

▲ 叶片

▲ 植株

▲ 花柱景观配置

常色叶彩叶植物

20 | 银边山菅兰 *Dianella ensifolia* 'White Variegated'

科属　百合科　山菅兰属

形态特征　多年生常绿草本，株高 30～60 cm。叶基生或茎生，叶片狭条状披针形；叶表面绿色，边缘白色，中部常具白色条纹。圆锥状花序，花绿白色、淡黄色至青紫色。浆果近球形，紫蓝色。花果期 3～8 月。

生态习性　原产于亚洲和大洋洲热带地区。我国华南地区有栽培。喜高温、多湿、半阴的环境；适宜疏松、排水良好的砂壤土。

繁殖方法　播种、分株繁殖。

🌿 **欣赏应用**

银边山菅兰株型优美，叶色秀丽，叶边缘具银白色条纹，清逸美观，为斑色叶类常色叶彩叶植物。在园林中可用于林下、园路边、山石旁，作地被植物栽培；也可盆栽室内观赏。

▲ 地被景观

▲ 绿篱景观　　　　　◀ 叶片

21 花叶玉簪 *Hosta undulata*

科属　百合科　玉簪属

形态特征　多年生草本，株高 20～50 cm。叶基生，卵形至心形，先端尾尖，基部心形，全缘；有金边、银边、金心、银心、斑叶等不同性状的品种。总状花序，着花 9～15 朵，花白色，漏斗状，有香味。花期 7～9 月。

生态习性　原产于我国的长江流域，现各地均有栽培。性强健，喜阴湿，忌阳光直射，耐寒；喜肥沃、湿润、排水良好的土壤。

繁殖方法　分株繁殖。

🪴 欣赏应用

花叶玉簪叶形优美，叶色艳丽，斑纹富有变化，为斑色叶类常色叶彩叶植物。园林中常作花境材料与其他观花植物配置；也可将不同类型的玉簪品种种植在一起，形成玉簪专类园。还可盆栽观赏或作切花材料。

▲ 植株

▲ 地被景观　　　　　　　　　◀ 叶片

22 条纹十二卷 *Haworthia fasciata*

科属 百合科 十二卷属

形态特征 多年生常绿肉质草本，株高 10～15 cm。肉质叶排列成莲座状，叶片三角状披针形，先端渐尖；叶深绿色，表面白粒成行排列，叶背具横向白色疣状突起，排列成横条纹。总状花序，花葶长，小花白色，有绿色或玫瑰红色条纹。花期夏初。

生态习性 原产于非洲南部热带干旱地区。我国各地多盆栽。喜温暖，耐半阴，耐旱；适宜肥沃、疏松、排水良好的土壤。

繁殖方法 分株、扦插繁殖。

🪴 欣赏应用

条纹十二卷植株小巧玲珑，雅致秀丽，为斑色叶类常色叶彩叶植物。多室内盆栽观赏。

▲ 叶片

▲ 花序枝

▲ 植株

▲ 盆花群景观

23 虎尾兰 *Sansevieria trifasciata*

科属 百合科 虎尾兰属　　**别名** 虎皮兰 千岁兰

形态特征 多年生常绿肉质草本。叶 2～6 片基生，叶片线状披针形，厚革质；叶两面有深绿色和浅绿色相间的条状横纹，稍被白粉。总状花序，花白色或淡绿色。浆果。花期夏季至 11 月。

生态习性 原产于非洲西部。我国南方各地有栽培。喜阳光充足，耐半阴；喜温暖，不耐寒，耐干旱；适宜排水良好的砂质土壤。

繁殖方法 分株、扦插繁殖。

🪣 **欣赏应用**

虎尾兰叶片碧绿，云状斑纹更显高贵典雅，为斑色叶类常色叶彩叶植物。多盆栽布置装饰书房、客厅、办公场所；也可作切叶材料。

▲ 花序　　　　▲ 植株

▲ 群植景观　　　　　　　　叶片 ▶

24 金边虎尾兰 *Sansevieria trifasciata* 'Laurentii'

科属　百合科　虎尾兰属

形态特征　为虎尾兰的栽培品种。叶直立，剑形，革质；叶边缘为金黄色，中间绿色，并具灰绿色的云状斑纹。

其他特征与内容同虎尾兰。

▲ 花序

▲ 丛植景观

▲ 植株

◀ 叶片

▲ 绿篱景观

25 棒叶虎尾兰 *Sansevieria cylindrica*

科属 百合科 虎尾兰属

形态特征 多年生常绿肉质草本，株高可达1 m。肉质叶呈圆柱状，顶端尖细，质硬，直立生长；叶表面暗绿色，有横向的灰绿色条纹。总状花序，小花白色或淡粉色。花期冬季。

生态习性 原产于非洲西部。我国南方各地有栽培。喜光，喜温暖、湿润环境，耐干旱；适宜疏松、肥沃的砂质土壤。

繁殖方法 分株、叶插繁殖。

欣赏应用

棒叶虎尾兰株形美观，叶形奇特，为斑色叶类常色叶彩叶植物。适宜盆栽装饰书房、客厅、办公室等场所；南方露地栽培，常用于布置山石边或沙生植物专类园。

植株 ▶

▲ 叶枝　　　▲ 花序　　　▲ 盆栽

26 金边龙舌兰 *Agave americana* var. *marginata*

科属 龙舌兰科 龙舌兰属

形态特征 多年生大型常绿草本，株高达 2 m。为龙舌兰的栽培品种。叶丛生，肥厚，叶片披针形至倒披针形，叶缘具疏刺，顶端有一硬尖刺；叶面绿色，边缘具金黄色宽条纹。大型圆锥花序，长达 5～8 m，花黄绿色。花期夏季。

生态习性 原产于墨西哥。我国华南、西南亚热带地区有栽培，北方多盆栽。喜阳光充足，不耐阴；喜凉爽、干燥的环境，耐干旱；适宜疏松、肥沃、排水良好的沙壤土。

繁殖方法 分株繁殖。

欣赏应用

金边龙舌兰四季常青，叶缘金黄，叶形美观，为斑色叶类常色叶彩叶植物。适宜盆栽，装饰厅堂、走廊和会场；在园林中也可用于点缀草坪、花坛等。

▲ 植株

▲ 绿篱景观

27 银边龙舌兰 *Agave americana* var. *marginata-alba*

科属　龙舌兰科　龙舌兰属

形态特征　为龙舌兰的栽培品种。其叶缘具银白色宽条纹。

其他特征与同金边龙舌兰。

▲ 植株

▲ 叶片

▲ 丛植景观

28 ｜ 鬼 脚 掌　*Agave victoriae-reginae*

科属　龙舌兰科　龙舌兰属

形态特征　多年生常绿肉质草本，株高 20～25 cm。叶在短茎上形成紧密的莲座丛，叶片长三角形，厚肉质；叶绿色，叶面上有不规则微凸的白色线纹，多集中在边缘。穗状花序，小花淡绿色。

生态习性　原产于墨西哥。我国有栽培。喜阳光充足，耐半阴；喜冷凉、干燥环境；适宜湿润、肥沃、排水良好的沙质土壤。

繁殖方法　分株繁殖。

欣赏应用

鬼脚掌株型美丽，是龙舌兰植物中最吸引人的品种之一，为斑色叶类常色叶彩叶植物。多用于布置沙漠植物景观；也可盆栽观赏。

▲ 植株

▲ 叶枝

▲ 丛植景观

29　银边剑麻　*Agave sisalana* 'Marginata'

科属　龙舌兰科　龙舌兰属

形态特征　多年生草本。叶呈莲座式排列，叶片剑形；叶面绿色，边缘银白色。花两性，大型圆锥花序顶生，花黄绿色。蒴果近球形。花期秋、冬季。

生态习性　原产于墨西哥。我国华南地区多栽培。喜光，喜温暖、干燥环境；适宜疏松、排水良好、地下水位低而肥沃的砂质壤土。

繁殖方法　分株繁殖。

🪣 欣赏应用

银边剑麻叶形美观，叶细长柔美，为斑色叶类常色叶彩叶植物。园林中多用于花坛中央、山石边栽培观赏；也可用于肉质植物专类园栽培。

▲ 植株　　　　　▲ 丛植景观

▲ 花坛配置景观　　　　　◀ 叶片

30 | 金边缝线麻 *Furcraea selloa* 'Marginata'

科属 龙舌兰科 万年麻属　　**别名** 金边毛里求斯麻

形态特征 多年生草木，常呈灌木状，株高 1～2 m。叶片剑形，呈放射状生长，先端尖，叶缘具刺；叶面绿色，边缘金黄色。伞型花序。花期初夏。

生态习性 原产于非洲毛里求斯。我国华南地区多栽培。喜光、喜暖热环境，不耐寒，耐旱；适宜疏松、排水良好的砂质土壤。

繁殖方法 扦插、分株繁殖。

▲ 植株

🌿 欣赏应用

金边缝线麻株型美观，叶色条纹鲜艳清晰，风格独特，为极佳的斑色叶类常色叶彩叶植物。园林中可群植或孤植于草坪上、道路边，也可丛植于花坛内与景石配置成景；还可盆栽或作切花材料。

◀ 绿篱配置景观

31 金脉美人蕉 *Canna generalis* 'Striatus'

科属　美人蕉科　美人蕉属　　　**别名**　花叶美人蕉　线叶美人蕉

形态特征　多年生球根草本，株高 50～100 cm。茎直立丛生，具块状根状茎。单叶互生，叶片长椭圆状披针形；叶面浅绿色具乳黄或乳白色平行脉线，黄绿相间，分布有序。花两性，总状花序顶生，花大，花粉红或橘红色。蒴果，圆球形。花期春、夏季。

生态习性　原产于美洲热带地区。我国长江以南地区多栽培。喜高温、阳光充足的环境，耐半阴；适宜肥沃的土壤。

繁殖方法　分株繁殖。

花　絮　花语为坚实的未来。

🪣 欣赏应用

金脉美人蕉叶色艳丽，花大美丽，为优良的斑色叶类常色叶彩叶植物。园林中可作花境的背景材料或在花坛中央栽培；也可成丛状或带状种植于水边、林缘、草坪边缘或台阶两旁；还可盆栽或作切花材料。

▲ 植株

▲ 花枝

▲ 叶片

▲ 绿篱景观

常色叶彩叶植物

32 | 花叶艳山姜 *Alpinia zerumbet* 'Variegata'

科属 姜科　山姜属　　　**别名** 花叶良姜　彩叶姜

形态特征　多年生常绿草本，株高 0.6～2 m。单叶互生，革质，叶片长椭圆形；叶面深绿色，以中脉为轴向两侧布有黄色、淡黄色的斑纹、斑块。圆锥花序下垂，苞片白色，边缘黄色，顶端及基部粉红色，花冠白色。蒴果。花期 6～7 月。

生态习性　原产于亚洲热带地区。我国东部、南部地区有分布。喜光，稍耐阴；喜高温、多湿环境，不耐寒；适宜肥沃、保水性良好的土壤。

繁殖方法　分株繁殖。

🌿 欣赏应用

花叶艳山姜姿态优美，叶色漂亮，为斑色叶类常色叶彩叶植物。适宜庭园美化，林下地被栽植或者作建筑的基部绿化；也可盆栽或作插花材料。

▲ 植株

▲ 绿篱景观　　　　◀ 花枝　　　◀ 叶片

33　箭羽竹芋　*Calathea lancifolia*

科属　竹芋科　肖竹芋属

形态特征　多年生常绿草本，株高达 1 m。叶片呈长椭圆形至披针形；叶面淡黄绿色，沿主脉两侧、与侧脉平行嵌有大小交替的墨绿色斑块，叶背深紫红色，叶缘有波浪状起伏。

生态习性　原产于巴西等地。我国南方有引种栽培。喜温暖和半阴环境；适宜肥沃、疏松、排水良好的土壤。

繁殖方法　扦插、分株繁殖。

🪣 欣赏应用

箭羽竹芋株型美观，叶色丰富，为斑色叶类常色叶彩叶植物。常盆栽于厅堂门口、走廊两侧或会议室角落作为装饰。

◀ 叶片

植株 ▶

▲ 盆花群景观

常色叶彩叶植物

34 | 孔雀竹芋 *Calathea makoyana*

科属 竹芋科 肖竹芋属　　**别名** 蓝花蕉

形态特征 多年生常绿草本，株高 3 ~ 60 cm。叶片薄革质，卵状椭圆形；绿色叶面上深浅不一，明亮艳丽，沿主脉两侧交互排列羽状暗绿色长椭圆形的斑纹，与斑纹相对的叶背面为紫色，左右交互排列，酷似孔雀展开的美丽尾羽。

生态习性 原产于巴西热带雨林。我国各地有引种栽培。喜温暖、湿润和半阴环境，不耐寒；适宜肥沃、疏松、排水良好的微酸性腐叶土或培养土。

繁殖方法 扦插、分株繁殖。

🌿 欣赏应用

孔雀竹芋叶色斑斓奇特，具有醒目的斑纹，为斑色叶类常色叶彩叶植物。多盆栽观赏或作插花材料。

盆栽 ▶

▲ 群植景观

◀ 叶片

35 | 青苹果竹芋 *Calathea orbifolia* 'Fasciata'

科属 竹芋科 肖竹芋属　　**别名** 圆叶竹芋

形态特征 多年常绿草本，株高 40 ~ 70 cm。叶片大，薄革质，叶片卵圆形，先端钝圆，叶缘呈波状；叶面淡绿或银灰色，羽状侧脉有银灰色条斑，中肋也为银灰色，叶背面淡绿泛浅紫色。花序穗状。

生态习性 原产于南美洲。我国南方地区有引种栽培。喜高温、多湿、半阴环境；适宜疏松、肥沃、排水良好、富含有机质的酸性腐叶土或泥炭土。

繁殖方法 分株、组织培养繁殖。

花　絮 青苹果竹芋曾被诗人赞美："翠叶青枝根饰链，和露带雨惹人怜。不慕颜色不争春，只留清气在人间"。

花语为优雅标致，清新宜人。

▲ 盆栽

◀ 叶片

欣赏应用

青苹果竹芋叶形浑圆、叶质丰腴、叶色青翠，为斑色叶类常色叶彩叶植物。适宜盆栽用于布置商场、宾馆、会议室、会客厅等大型公共场所，或于居室栽培观赏。

▲ 植株

常色叶彩叶植物

36 | 彩虹竹芋 *Calathea roseopicta*

科属	竹芋科　肖竹芋属	别名	玫瑰竹芋

形态特征　多年生常绿草本，株高30～60 cm。叶片椭圆形或卵圆形，薄革质，光滑而富光泽；叶面青绿色，主脉两侧排列墨绿色条纹，叶脉和沿叶缘呈黄色条纹，叶被紫红色斑块，美丽无比。

生态习性　原产于巴西及美洲热带。我国南方地区有栽培。喜高温、多湿的半阴环境；适宜肥沃、疏松、排水良好的微酸性土壤。

繁殖方法　分株繁殖。

▲ 植株

🌿 欣赏应用

彩虹竹芋叶色珍奇美丽，是竹芋中的佳品，为斑色叶类常色叶彩叶植物。适宜盆栽室内观赏。

▲ 叶片

▲ 盆栽

▲ 花朵

37 浪星竹芋 *Calathea rufibarba* 'Wavestar'

科属　竹芋科　肖竹芋属

形态特征　多年生常绿草本，株高 25～50 cm。叶丛生，叶片狭长椭圆形至线状披针形；叶面亮绿色，边缘呈波浪状，叶背、叶柄均为紫色。穗状花序，花黄色。花期春季。

生态习性　原产于巴西及美洲热带地区。我国南方有引种栽培。喜温暖、湿润和光线明亮的环境；适宜肥沃、疏松、排水透气性良好的微酸性土壤。

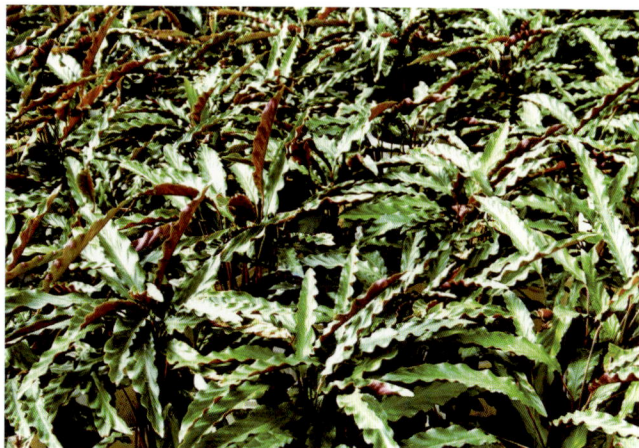

▲ 盆花群

繁殖方法　扦插、分株繁殖。

欣赏应用

浪星竹芋株型优雅，叶色美丽，为斑色叶类常色叶彩叶植物。多盆栽观赏。

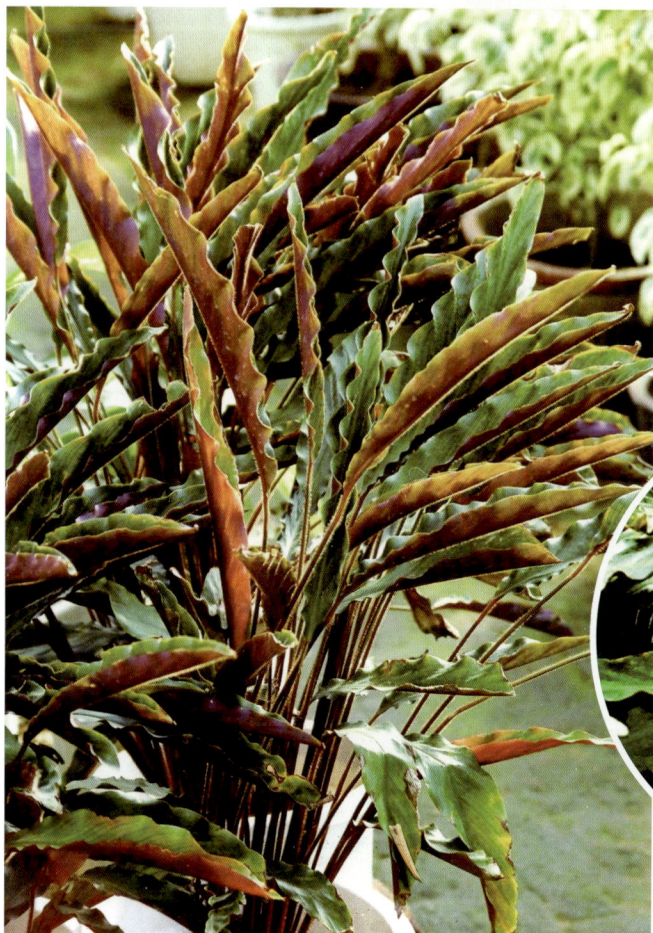

◀ 叶枝

◀ 植株

38 | 天鹅绒竹芋 *Calathea zebrina*

科属 竹芋科 肖竹芋属 　**别名** 斑马竹芋

形态特征 多年生常绿草本，株高达 60 cm。叶片长椭圆形；叶面有天鹅绒光泽，呈深绿色，具有斑马纹状深绿色带状斑块，叶背面深紫红色。

生态习性 原产于巴西。我国南方地区有栽培。喜温暖、湿润和半阴的环境，忌阳光直射，不耐寒；适宜疏松、肥沃、排水良好的土壤。

繁殖方法 分株、扦插繁殖。

▲ 植株

🪴 欣赏应用

天鹅绒竹芋叶面绿色且具有斑马纹状绿色条纹，极为美丽，为斑色叶类常色叶彩叶植物。适宜盆栽用于居室、宾馆、公共场所点缀；也可作插花配叶材料。

▲ 盆栽

◀ 叶片

39　毛柄银羽竹芋　*Ctenanthe setosa*

科属　竹芋科　栉花竹芋属

形态特征　多年生常绿草本，株高 60 ~ 90 cm。叶片长椭圆形至长椭圆状披针形，先端尖；叶表面绿色，沿主脉两侧排列着斜向上的灰绿色羽状斑纹，叶背紫色。

生态习性　原产于巴西。我国南方地区有栽培。喜温暖、湿润、半阴的环境，不耐寒，忌强光直射；对土壤要求不严。

繁殖方法　分株、扦插繁殖。

欣赏应用

毛柄银羽竹芋株型优美，叶色美丽，为斑色叶类常色叶彩叶植物。多盆栽观赏；温暖地区可露地栽培。

植株 ▶

▲ 花枝

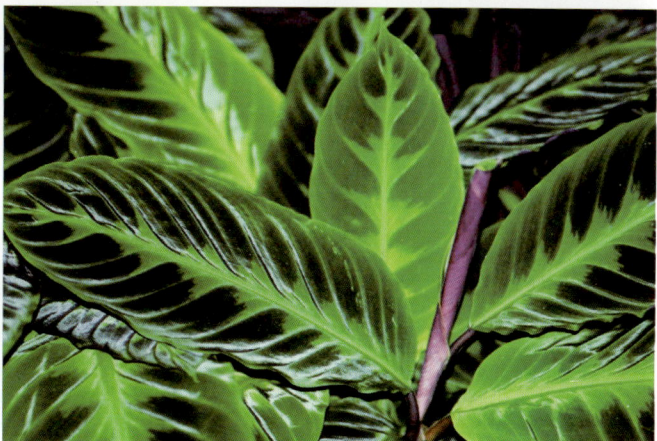

▲ 叶片

40 | 紫背卧花竹芋　*Calathea oppenheimiana* 'Tricolor'

科属　竹芋科　卧花竹芋属

形态特征　多年生常绿草本，株高 40～60 cm。叶片披针形至长椭圆形，纸质，全缘；叶面深绿色，具淡绿、白色、淡黄、红色羽状斑纹，背面紫红色。圆锥花序，苞片及萼片红褐色，花瓣白色。花期冬春季节。

生态习性　原产于巴西热带雨林。我国南方地区有栽培。喜温暖、湿润和遮阴环境，怕烈日暴晒，不耐寒；适宜富含腐殖质、疏松透气的土壤。

繁殖方法　扦插、分株繁殖。

🪴 欣赏应用

紫背卧花竹芋株型美观，叶色艳丽，是优良的斑色叶类常色叶彩叶植物。常丛植或群植于路边、树下、草坪上、假山石旁；也可盆栽观赏。

▲ 花坛配置景观

▲ 绿篱景观

▲ 植株

▲ 叶枝

41 | 美叶光萼荷 *Aechmea fasciata*

科属 凤梨科 光萼荷属

形态特征 多年生附生常绿草本。叶丛莲座状，中央卷成长筒形，叶革质，先端钝圆或端尖；叶绿色，被灰色鳞片，叶面有数条银白色横斑，叶背粉绿色。穗状花序塔状，小花初开蓝紫色，后变成桃红色。花期夏季，可连续开花数月。

生态习性 原产于巴西。我国南方有栽培，北方多室内盆栽。喜光，稍耐阴，忌强光直射；喜温暖，不耐寒；适宜疏松、富含腐殖质的培养土。

▲ 叶枝

繁殖方法 吸芽繁殖。

🪣 欣赏应用

美叶光萼荷叶色美丽，状如斑马纹，花期长，为斑色叶类常色叶彩叶植物。常盆栽置于室内观赏。

▲ 花序

▲ 植株

42　艳凤梨　*Ananas comosus* var. *variegata*

科属　凤梨科　菠萝属　　　**别名**　斑叶凤梨

形态特征　多年生常绿草本。叶丛生，紧密排列呈莲座状，叶片线形；叶面亮绿色，中肋绿色，缘刺为粉红色，中肋与叶缘间有乳黄色的斑带，新叶带有较多的红晕，叶背灰绿色，被白粉。穗状花序密集成卵圆形，苞片橙红色，顶端叶状苞片的边缘及刺晕粉红色，小花紫红色。聚花果。

生态习性　原产于巴西。我国南方地区有栽培，北方多室内盆栽。喜光，喜温热、湿润、通风的环境；适宜疏松、排水良好的培养基质。

繁殖方法　分株繁殖。

▲ 叶枝

🌿 欣赏应用

艳凤梨叶色美艳，花果皆优，为斑色叶类常色叶彩叶植物。主要用于室内盆栽观赏；热带地区可露地栽培观赏。

▲ 植株

◀ 果枝

43 三色彩叶凤梨 *Neoregelia carolinae* var. *tricolor*

科属 凤梨科 彩叶凤梨属 　　**别名** 五彩凤梨

形态特征 多年生常绿附生草本，株高20 cm。叶簇生呈平蝶状，叶片披针形，叶缘具齿；叶面绿色有光泽，中部有白色纵条纹，光线充足时叶面晕粉色，形成绿、白、粉三色，成熟植株近花期中心部分的叶展开，基部或全部变成深红色，可保持数月。花序隐于叶丛中，筒状花，堇蓝色。

生态习性 原产于巴西。我国南方地区有栽培，北方多室内观赏；温暖地区可露地栽培观赏。

繁殖方法 分株、扦插繁殖。

🪴 **欣赏应用**

三色彩叶凤梨，色彩丰富美丽，为斑色叶类常色叶彩叶植物。可盆栽供室内观赏；温暖地区也可露地栽培观赏。

▲ 植株

▲ 丛植景观

◄ 叶片

常色叶彩叶植物

44 斑马丽穗凤梨 *Vriesea splendens*

| 科属 | 凤梨科 丽穗凤梨属 | 别名 | 火剑凤梨 |

形态特征 多年生常绿草本。叶基生呈莲座状,叶片带状,外拱下垂;叶面深绿色,具多条紫黑色横纹,叶革质,具蜡纸光泽。叶丛中抽出穗状花序,苞片互迭,鲜红色,小花黄色。

生态习性 原产于美洲。我国热带地区有栽培,北方多室内盆栽。喜温暖、湿润环境,不耐寒,较耐旱;适宜疏松、通气、排水良好的土壤。

繁殖方法 扦插、分蘖繁殖。

🌱 **欣赏应用**

斑马丽穗凤梨花色艳丽、花形奇特,叶色斑纹美丽,为斑色叶类常色叶彩叶植物。多盆栽供室内观赏。

▲ 叶片

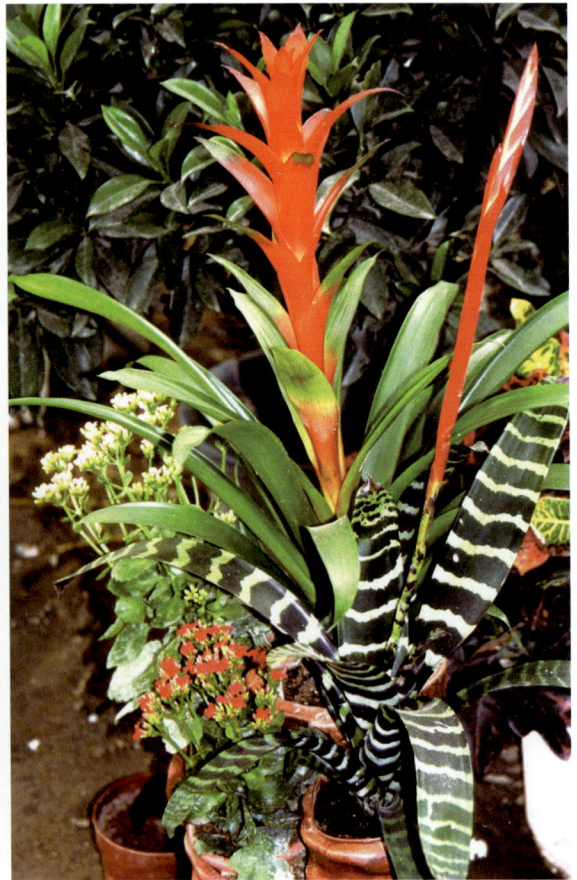

▲ 植株

▲ 盆栽

1 牡 丹 *Paeonia suffruticosa*

科属 芍药科 芍药属

形态特征 落叶小灌木，高达 2 m，分枝多而粗壮。叶互生，二回三出羽状复叶，顶生小叶卵圆形至倒卵圆形，先端 3～5 裂，基部全缘，侧生小叶长卵圆形，表面绿色，具白粉，早春嫩叶红褐色，秋色叶红色。花单生枝顶，花色有黄、白、红、粉、紫、绿等色。蓇葖果，密生柔毛，黄褐色。花期 4～5 月；果期 6 月。

生态习性 原产于我国西北高原、陕甘宁盆地及秦岭一带，现全国各地广泛栽培。喜光，较耐阴；喜温暖，较耐寒，不耐湿热；适宜疏松、肥沃、排水良好的沙质土壤。

繁殖方法 播种、分株、扦插、压条繁殖。

花　絮 牡丹是洛阳、菏泽等市的市花。

✎ **欣赏应用**

牡丹花色丰富，花大而美丽，色香俱佳，名列我国十大名花之亚军，为优良的春色叶类红（紫）色叶彩叶树种。园林中常丛植或孤植观赏；也可以制作专类园；还可以盆栽或作切花材料。

▲ 植株（春色）

▲ 植株

◀ 花枝

2 | 紫叶碧桃 *Prunus persica* 'Atropurpurea'

科属 蔷薇科 李属

形态特征 落叶小乔木，高 3 ~ 5 m。单叶互生，叶片椭圆状披针形，先端长尖，边缘有锯齿；春季新叶紫红色，成叶变成暗绿色。花单瓣或重瓣，粉红色。花期 4 ~ 5 月。

生态习性 原产于我国；华北、华东、华中等地广泛栽培。喜光，耐旱，不耐水湿，较耐寒；适宜排水良好的土壤。

繁殖方法 嫁接繁殖。

▲ 叶片（春色）

▲ 果枝

▲ 绿篱春色景观

◀ 花枝

▲ 叶枝（夏色）

🛈 欣赏应用

紫叶碧桃春叶紫红，花大美丽，为优良的春色叶类红（紫）色叶彩叶树种。适合公园、绿地及庭院栽培，可丛植、孤植、列植于路边，或水岸边观赏。

◀ 树形（春色）

◀ 季色叶彩叶植物

▲ 行道树花期景观

3 | 日本晚樱 *Prunus lannesiana*

科属 蔷薇科 李属　　　　**别名** 里樱

形态特征　落叶乔木，高 3～8 m。叶片常为倒卵形，先端渐尖，基部圆形，边缘具尖重锯齿，齿端有长芒；新叶红褐色，成叶绿色，秋叶橙黄色。花 1～5 朵成伞房花序，花先叶开放，单瓣或重瓣，粉红色或近白色，花大而芳香。核果近球形，紫褐色。花期 4 月下旬开放，花期较长。

生态习性　原产于日本。我国各地普遍栽培。喜光，喜温湿气候，较耐寒；喜疏松、肥沃土壤。

繁殖方法　播种、嫁接、扦插、分蘖繁殖。

欣赏应用

日本晚樱花色艳丽，繁花似锦，早春新叶红褐色，秋叶橙红色，为优良的春色叶类红（紫）色叶彩叶树种。适合公园、绿地、庭院等孤植、列植和群植栽培观赏。

▲ 叶片（春色）

▲ 叶片（夏色）

▲ 树形（春色）

▲ 树形（夏色）

▲ 列植景观

◀ 花枝

▲ 群植秋色景观

◀ 叶枝(秋色)

季色叶彩叶植物

4 ｜ 月　季　*Rosa hybrida*

科属　蔷薇科　蔷薇属

形态特征　落叶或半常绿灌木，高 1 ~ 2 m。奇数羽状复叶互生，小叶 3 ~ 5 枚，叶片宽卵形至卵状长圆形，先端尖，基部近圆形，边缘有锐锯齿；新叶多为紫红色，成叶绿色。花单生或数朵聚生，花色丰富。果球形，红色。花期 4 ~ 9 月；果期 9 ~ 11 月。

生态习性　原产于我国；现各地普遍栽培。喜光，喜温暖，但也能耐寒；对土壤要求不严格。

繁殖方法　扦插、嫁接繁殖。

花　　絮　我国月季栽培历史悠久，被誉为"花中皇后"。

▲ 叶枝（春色）

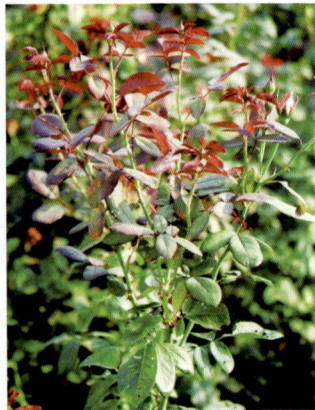
▲ 植株（春色）

🪣 欣赏应用

月季春季新叶及修剪后新枝上的叶多为紫红色，极为抢眼，补充了春季叶色单调的局面。月季花色繁多艳丽、花期长，被誉为花中皇后，为春色叶类红（紫）色叶彩叶树种。宜作花坛、花境及基础栽植或花篱用；在草坪、园路、庭院、假山配置也很合适；也可作盆景和切花用。

▲ 花坛配置景观

◀ 果枝

5 | 红叶椿 *Ailanthus altissima* 'Hongye'

科属　苦木科　臭椿属

形态特征　落叶乔木，高 5～20 m。为臭椿的栽培品种。奇数羽状复叶互生，小叶 13～25 枚，叶片卵状披针形；春季新叶呈紫红色，红叶期可持续至 6 月，以后逐渐变为暗绿色。圆锥花序顶生，花小，淡绿色。翅果长椭圆形，果熟期褐色或红褐色。花期 6 月；果期 7～9 月。

生态习性　产于我国山东潍坊、泰安等地。我国华北、西北、长江流域有栽培。喜光，耐寒；耐干旱、瘠薄及盐碱；生长快，病虫害少，抗大气污染能力强。

繁殖方法　嫁接、扦插繁殖。

欣赏应用

红叶椿树干通直，冠大荫浓，春季幼叶紫红色，持续时间较长，为优良的春色叶类红（紫）色叶彩叶树种。适宜作庭荫树、行道树和工矿绿化树种。

▼ 叶枝（春色）

▲ 丛植景观

季色叶彩叶植物

6 ｜ 千头椿 *Ailanthus altissima* 'Qiantou'

科属　苦木科　臭椿属

形态特征　落叶乔木，高达 30 m。为臭椿的栽培品种。树冠圆球形，分枝较多，无明显主枝。奇数羽状复叶互生，小叶 13～25 枚，叶片卵状披针形或椭圆状披针形，全缘；嫩叶紫红色，成叶绿色。圆锥花序顶生，花淡黄绿色。花期 5～7 月；果期 9～10 月。

生态习性　分布于我国黄河下游地区，河北省有栽培。喜光，耐寒，耐旱；耐瘠薄、耐轻度盐碱，适应性较强。

繁殖方法　播种、扦插、嫁接繁殖。

欣赏应用

千头椿树冠圆整，枝叶繁茂，嫩叶红紫色，为春色叶类红（紫）色叶彩叶树种。园林中可作行道树、庭荫树，是近年来培育和推广的优良树种。

▲ 树形（春色）

▲ 行道树春色景观

◀ 叶枝（春色）

▲ 花序

7 香椿 *Toona sinensis*

科属 楝科 香椿属

形态特征 落叶乔木，高达 25 m。偶数羽状复叶，小叶 10～20 枚，叶片长椭圆至广披针形，先端长渐尖，基部不对称，全缘或具钝锯齿；嫩叶红紫色，成叶绿色，有香气。圆锥花序顶生，下垂，花白色，有香气。蒴果，长椭圆形，5 瓣裂。花期 5～6 月；果期 9～10 月。

生态习性 原产于我国中部地区，现各地较普遍栽培。喜光，不耐阴，不耐寒；适宜深厚、肥沃、湿润的沙质土壤。

繁殖方法 播种、分蘖、埋根繁殖。

🪣 欣赏应用

香椿枝叶繁茂，羽叶潇洒，嫩叶红艳，为春色叶类红（紫）色叶彩叶树种。园林中适宜作庭荫树、行道树；嫩芽、叶可食。

▲ 叶枝（春色）

▲ 树形

▲ 花序枝

▲ 果序枝

▲ 叶片

季色叶彩叶植物

8 山麻杆 *Alchornea davidii*

科属 大戟科 山麻杆属

形态特征 落叶丛生灌木，高 1 ~ 2 m。茎直而少分枝，常紫红色，有绒毛。单叶互生，叶片圆形至广卵形，基部心形，缘有锯齿；春季新叶呈明亮的紫红色，成叶变为暗绿色，秋叶又转为橙黄或红色。花单性同株，无花瓣。花期 4 ~ 5 月；果期 7 ~ 8 月。

生态习性 产于我国长江流域；长江流域以南均可栽培。喜光，较耐阴；喜温暖、湿润气候，不耐寒；对土壤要求不严格。

繁殖方法 分株、扦插、播种繁殖。

🍃 **欣赏应用**

山麻杆早春嫩叶及茎均为紫红色，叶形优美、艳丽，为春色叶类红（紫）色叶彩叶树种。园林中既可孤植于庭园、墙角，亦可丛植于路旁、池畔，还可群植于林缘或河道边。

▲ 花枝

▲ 叶枝（春色）

▲ 植株（春色）

9 七叶树 *Aesculus chinensis*

科属 七叶树科 七叶树属

形态特征 落叶乔木，高达25 m。掌状复叶对生，小叶5～7枚，叶片纸质，倒卵状长椭圆形至长椭圆状披针形，缘具细锯齿；新叶紫红色，持续时间较短，成叶转为绿色，秋季转为橙红色。顶生圆柱状圆锥花序，花小，白色。蒴果球形，黄褐色。花期5～6月；果期9～10月。

生态习性 产于我国黄河中下游地区；华北等地多栽培。喜光，稍耐阴；喜温暖气候，也能耐寒；适宜深厚、肥沃、湿润而排水良好的土壤。

繁殖方法 播种、扦插繁殖。

花　絮 传说佛教创始人释迦牟尼是在尼泊尔的一棵菩提树下诞生的，后来又在印度拘尸那迦城外一片茂盛的七叶树林中的两株七叶树之间的吊床上涅槃的。所以七叶树与菩提树被佛家合称为"佛门两圣树"，在佛门重地栽植七叶树，有纪念佛祖圆寂之意。

▲ 果序枝

▲ 列植秋色景观

◀ 叶片（秋色）

季色叶彩叶植物

🪣 欣赏应用

七叶树春色叶紫红色，成叶绿色，秋叶橙红色，可三季观叶。冠大荫浓，白花绚丽，为春色叶类红（紫）色叶彩叶树种。适宜作庭荫树、行道树；也可在建筑物前对植，路边列植、孤植、丛植等。

▲ 叶枝（春色）

▲ 叶枝

▲ 树形（春色）

▲ 花序枝

▲ 树形

1 银杏 *Ginkgo biloba*

科属 银杏科 银杏属   **别名** 白果 公孙树

形态特征 落叶大乔木，高达 40 m。枝条有长短枝之分，叶在长枝上螺旋状排列，在短枝上呈簇生状；叶片扇形，上缘有波状缺刻，基部楔形具长柄；春季叶片黄绿色，夏季绿色，秋叶变为金黄色。雌雄异株，雄球花葇荑花序，雌球花具长梗。种子核果状，椭圆形，淡黄色或橙黄色。花期 4～5 月；种子 9～10 月成熟。

生态习性 原产于中国，浙江天目山有野生种；沈阳以南至广州以北均有栽培。喜光，耐寒性颇强，较耐旱；适宜中性或微酸性土壤；不耐积水。

繁殖方法 播种、嫁接繁殖。

▲ 叶片

▲ 叶片 (秋色)

▲ 行道树秋色景观

花　絮　银杏为中国特产，是现存种子植物中最为古老的孑遗植物，以"活化石"而闻名于世界。银杏为中国四大长寿观赏树种（银杏、松、柏、槐）之一。外国人称银杏为"东方的圣树"。金色的秋叶被西方人赞为"少女之发"。

🪣 欣赏应用

银杏树姿雄伟壮丽，叶形秀美，春夏翠绿，深秋金黄，为著名的秋色叶类黄（金）色叶彩叶树种。适宜作庭荫树、行道树或独赏树；也是园林绿化、农田林网、防护林带的理想树种。

▲ 雌球花

▲ 雄球花枝

▲ 种子

▲ 树形

▲ 树形（秋色）

2 华北落叶松 *Larix principis–rupprechtii*

科属 松科 落叶松属

形态特征 落叶乔木，高达 30 m。叶在长枝上螺旋状排列，短枝上簇生状，叶窄条形；叶片绿色，秋叶变为金黄色。球花单性同株，雄球花黄色，近球形，雌球花红色或绿紫色，近球形。球果椭圆状卵形，熟时淡褐色。种子灰白色，有褐色斑纹。花期 4～5 月；球果 10 月成熟。

生态习性 产于我国华北地区。强喜光，极耐寒；对土壤的适应性强，喜深厚、湿润而排水良好的酸性或中性土壤。

繁殖方法 种子繁殖。

花 絮 [唐]·白居易《松声》诗："西南微风来，潜入枝叶间。一闻涤炎暑，再听破昏烦。竟夕遂不寐，心体俱憭然。南陌车马动，西邻歌吹繁。谁知兹檐下，满耳不为喧"。松声甚至可以消暑去烦，净化心灵，有非常强的生态功能。

▲ 球果

▲ 叶枝（秋色）

▲ 天然林秋色景观

季色叶彩叶植物

欣赏应用

华北落叶松叶轻柔而潇洒，树冠整齐呈圆锥形，秋叶金黄，为著名的秋色叶类黄（金）色叶彩叶树种。可作风景林，适宜较高海拔和较高纬度地区配置应用；也可作涵养水源、保持水土等造林树种。

▲ 叶枝

▲ 叶枝（秋色）

▲ 树形

▼ 河北省塞罕坝人工林景观

3 金钱松 *Pseudolarix amabilis*

科属　松科　金钱松属

形态特征　落叶乔木，高达 40 m。树冠圆锥形，树干通直。叶片在长枝上螺旋状散生，在短枝上呈辐射平展，叶片条形；新叶黄绿色，成叶绿色，秋叶变成金黄色。雄球花黄色，雌球花紫红色。球果卵形或倒卵形，成熟时淡红褐色。花期 4～5 月；果期 10～11 月。

生态习性　产于我国华中、华东等地；北京有栽培。喜光，耐寒；喜温凉湿润环境，不耐干旱，不耐积水；适宜深厚肥沃、排水良好的中性或酸性砂质土壤。

繁殖方法　播种、扦插繁殖。

花　絮　金钱松是世界五大庭院树种之一，是我国特有的孑遗植物。

　　[唐]·王维《三居秋暝》："空山新雨后，天气晚来秋。明月松间照，清泉石上流。"

🪣 欣赏应用

金钱松树姿优美，春夏季叶色翠绿，秋叶金黄色，为著名的秋色叶类黄（金）色叶彩叶树种。宜作行道树、庭荫树、园景树或成片栽植。

▲ 叶枝

▲ 叶枝（秋色）

▲ 树形

▲ 树形（秋色）

季色叶彩叶植物

4 加 杨 *Populus × canadensis*

科属 杨柳科 杨属

形态特征 落叶乔木，高达 30 m。树冠卵圆形，干直。叶片近三角形，先端渐尖，基部截形或宽楔形，叶缘锯齿钝圆；叶片大而有光泽，深绿色，秋叶变为黄色。雄花序紫红色。蒴果卵圆形。花期 4 月；果期 5 ~ 6 月。

生态习性 原产于美洲。我国大部分地区均有引种栽培。喜光，喜温暖、湿润环境，较耐寒；适宜湿润、排水良好的土壤。

繁殖方法 扦插、播种繁殖。

🌿 欣赏应用

加杨叶片大而具光泽，夏季绿叶浓密，秋季黄叶鲜明，为秋色叶类黄（金）色叶彩叶树种。适宜作行道树、庭荫树及防护林；也是工矿区绿化及"四旁"绿化的好树种。加杨的果序成熟时果开裂杨絮四处飞扬，造成环境污染，因此，行道树应尽量选择加杨雄株。

◀ 叶枝

◀ 叶片
（秋色）

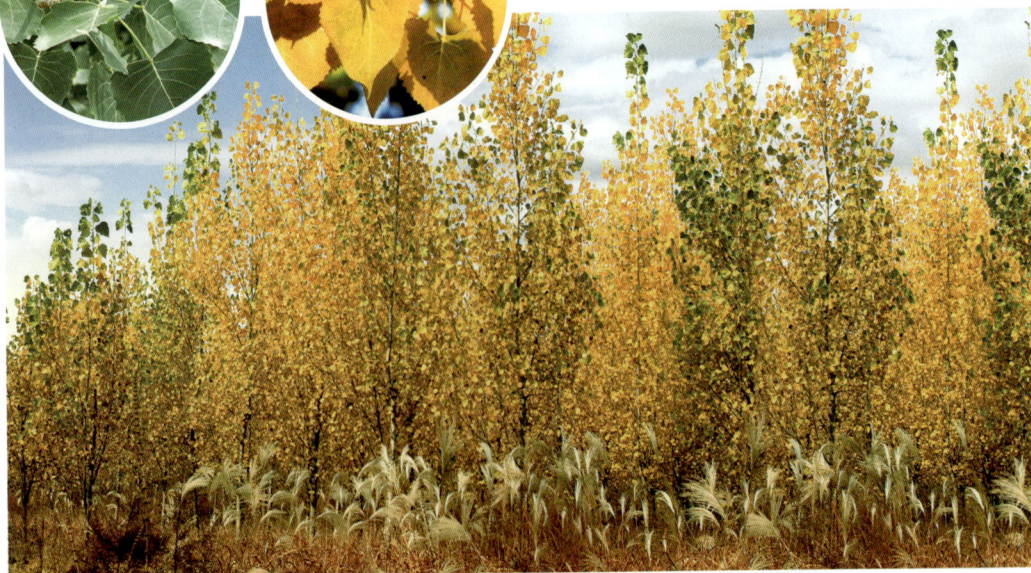
▲ 树形

▲ 片林秋色景观

5 胡 杨 *Populus euphratica*

科属　杨柳科　杨属

形态特征　落叶乔木，高达 25 m。叶形多变化，幼树及萌枝之叶条状披针形，全缘或疏生锯齿，大树之叶卵形至三角形；甚至幼树叶如柳，大树叶如杨；叶灰绿或淡蓝绿色，秋叶变成金黄色。雌雄异株，花药紫红色。蒴果长卵圆形。花期 5 月；果期 7～8 月。

生态习性　产于我国西北等地。喜光，耐干旱及寒冷，喜干燥；抗盐碱和风沙；适宜沙质土壤。

繁殖方法　播种繁殖。

花　絮　胡杨是极古老树种，远在 1.3 亿年前的白垩纪，就有胡杨的存在。胡杨在维吾尔人心中视为神树。胡杨长寿且倔强，有"生而不死一千年，死而不倒一千年，倒而不朽一千年"之说。在楼兰古国遗址上，至今仍可看到死而不倒，倒而不朽的胡杨。铮铮铁骨千年铸，不屈品质万年颂。

◀ 叶枝

▲ 树形

▲ 天然林秋色景观

🌿 **欣赏应用**

胡杨树形高大挺拔，枝叶茂密而繁盛，叶色灰绿，秋季叶色金黄，为北方著名的秋色叶类黄（金）色叶彩叶树种。胡杨是荒漠地区特有的珍贵森林资源，它的重要作用在于防风固沙，是西北地区碱地、沙荒地区造林绿化的好树种。

季色叶彩叶植物

6 钻天杨 *Populus nigra* var. *italica*

科属 杨柳科 杨属 **别名** 美杨 美国白杨

形态特征 落叶乔木,高达30m。树冠圆柱形,枝条贴近树干直立向上。长枝叶片扁三角形,先端短渐尖,基部平截或宽楔形,钝圆锯齿,短枝上叶片菱状卵形;叶色浓绿,秋叶变成金黄色。蒴果卵圆形。花期4月;果期5月。

生态习性 原产于意大利。我国自哈尔滨以南至长江流域均有栽培。喜光,耐寒、耐干冷;稍耐盐碱,忌低洼积水。

繁殖方法 播种、扦插、压条繁殖。

🪴 **欣赏应用**

钻天杨叶片小而浓绿,秋叶金黄色,为秋色叶类黄(金)色叶彩叶树种。园林中可丛植或列植堤岸、路边,有高耸挺拔之感;在北方园林中常作行道树、防护林栽培应用。

▲ 叶枝

▲ 叶枝(秋色)

▲ 丛植秋色景观

▲ 树形

7 垂 柳 *Salix babylonica*

科属 杨柳科 柳属　　　**别名** 水柳 垂丝柳

形态特征　落叶乔木，高达18 m。枝条细长下垂。单叶互生，叶片狭长披针形，缘有细锯齿；叶鲜绿色，秋叶变成金黄色。花单性，雌雄异株，柔荑花序直立，黄绿色。蒴果，2瓣裂。花期3～4月；果期4～5月。

生态习性　分布于我国长江流域及以南地区；华北、东北等地多栽培。喜温暖、湿润；耐寒，耐水湿，也耐干旱；适宜潮湿、深厚的酸性土壤。

繁殖方法　播种、扦插繁殖。

🌿 **欣赏应用**

垂柳枝条柔垂，姿态优美，叶色鲜绿，秋叶金黄，为秋色叶类黄(金)色叶彩叶树种。广植于河岸及湖边，柔条依依拂水，别有情趣；常为庭院观赏树，也可作行道树、固岸护堤及平原造林树种。

▲ 树形

▲ 树形（秋色）

▼ 群植景观

8 旱柳 *Salix matsudana*

科属 杨柳科 柳属　　**别名** 柳树

形态特征　落叶乔木，高达 20 m。单叶互生，叶片披针形至狭披针形，先端长渐尖，基部窄圆或楔形，边缘有细腺齿；叶绿色，秋叶变成黄色。花单性，雌雄异株，葇荑花序与叶同时开放。蒴果，2 瓣裂。花期 4 ~ 5 月；果期 5 ~ 6 月。

生态习性　产于我国东北、华北、西北、西南、华中、华东等地；全国各地普遍栽培。喜光，喜湿润，耐寒；适宜沙质壤土。

繁殖方法　播种、扦插繁殖。

欣赏应用

旱柳叶色鲜绿，秋季变为金黄色，为秋色叶类黄（金）色叶彩叶树种，是重要的园林及城乡绿化树种。最适宜沿河、湖岸边及低湿处栽植；也可作行道树和"四旁"绿化树种。

▲ 树形

▲ 树形（秋色）

◀ 叶枝

▲ 孤植树秋色景观

9　核桃楸　*Juglans mandshurica*

科属	胡桃科　胡桃属	别名	胡桃楸

形态特征　落叶乔木，高达 20 m。奇数羽状复叶，小叶 9～17 枚，长椭圆形至椭圆状披针形，基部歪斜或圆形，叶缘具细锯齿；叶色深绿，秋叶变成黄色。花单性，雌雄同株；雄花序为葇荑花序，雌花序为葇荑花序或穗状。核果卵形。花期 4～5 月；果期 8～9 月。

生态习性　产于我国东北、华北地区；河南、山东等地有栽培。喜光，不耐阴，耐寒性强；适宜深厚、肥沃而排水良好的土壤。

繁殖方法　扦插、播种繁殖。

🪣 欣赏应用

核桃楸树干通直，枝叶茂密，叶绿色，秋叶变成黄色，为秋色叶类黄（金）色彩叶树种。核桃楸为国家重点保护树种。园林中可用作庭荫树；也可孤植、丛植于草坪，或列植路边栽培观赏。

▲ 树形（秋色）

◀ 叶枝（秋色）

▼ 群植秋色景观

▲ 雌花序

▲ 果序

树形 ▶

▲ 叶枝

10 白 桦 *Betula platyphylla*

科属　桦木科　桦木属

形态特征　落叶乔木，高达 25 m。树冠卵圆形，树皮白色。单叶互生，叶片三角状卵形或菱状卵形，先端渐尖，基部平截或广楔形，叶缘具重锯齿；叶绿色，秋叶变成橙黄色。花单性，雌雄同株。果序单生，下垂。花期 4～5 月；果期 8～9 月。

生态习性　产于我国东北、华北、西北、西南等高山地区。喜光，耐严寒；适宜深厚、肥沃、酸性的土壤。

繁殖方法　播种、扦插繁殖。

花　絮　白桦树是俄罗斯的国树，是这个国家的民族精神的象征。

▲ 树形

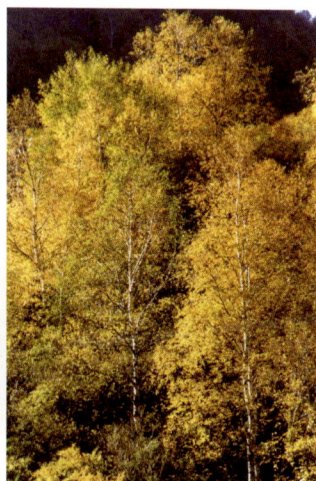
▲ 树形（秋色）

🪴 **欣赏应用**

白桦枝叶扶疏，姿态优美，尤其是树干修直，洁白雅致，秋叶金黄一片，为北方著名的秋色叶类黄（金）色叶彩叶树种。适于孤植、丛植于庭园、公园之草坪、池畔、湖滨或列植道旁；也可成片栽植，组成美丽的风景林。

天然林秋色景观 ▶

▲ 叶片

11 | 朴 树 *Celtis sinensis*

科属 榆科 朴属　　　**别名** 沙朴

形态特征　落叶乔木，高达 20 m。单叶互生，叶片卵形或卵状椭圆形，先端短尖，基部不对称，中部以上叶缘有浅锯齿；叶色浓绿，秋叶变成黄色。花杂性同株，雄花簇生于新枝下部，两性花单生或集生新枝上部叶腋。核果单生或并生，近球形，熟时橙褐色。花期4～5月；果期9～10月。

生态习性　产于我国华中、华南等地；华北等地有栽培。喜光，稍耐阴；适宜肥沃、湿润、深厚黏质壤土，能耐轻盐碱土。

繁殖方法　播种繁殖。

欣赏应用

朴树绿荫浓郁，树形优美，树冠宽广，秋叶黄色，为秋色叶类黄（金）色叶彩叶树种。园林中宜用作庭荫树；也可用作行道树或厂矿绿化及防风、护堤树种；还是制作盆景的好材料。

▲ 树形（秋色）

叶枝（秋色）▶

▲ 孤植树秋色景观

▲ 树形

12 小叶朴 *Celtis bungeana*

科属 榆科 朴属　　　**别名** 黑弹朴

形态特征 落叶乔木，高达 15 m。单叶互生，叶片卵形至卵状椭圆形，先端渐尖，基部稍偏斜，叶缘中上部有钝锯齿；叶绿色，秋季变成橙黄色。花杂性同株，与叶同时开放。核果近球形，单生叶腋，熟时紫黑色。花期 4～5 月；果期 9～10 月。

生态习性 产于我国东北南部、华北及西南地区。喜光，稍耐阴；耐寒，耐旱；对土壤要求不严格。

繁殖方法 播种繁殖。

🌿 欣赏应用

小叶朴枝叶茂密，树形美观，叶片绿色，秋叶橙黄色，为秋色叶类黄（金）色叶彩叶树种。园林中适宜作庭荫树，亦可作城乡绿化树种。

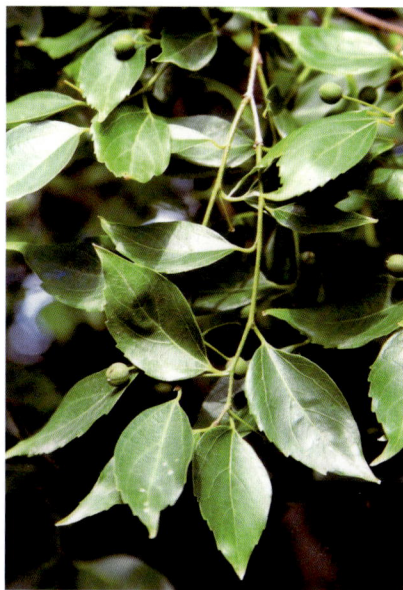

▲ 叶枝

▲ 树形

▲ 树形（秋色）

季色叶彩叶植物

13　青　檀　*Pteroceltis tatarinowii*

科属　榆科　青檀属　　　**别名**　翼朴

形态特征　落叶乔木，高达 20 m。单叶互生，叶片卵形或椭圆状卵形，先端长尖或渐尖，基部广楔形或近圆形，叶缘上部有锯齿；叶面绿色，叶背淡绿色，秋叶变成黄褐色。花单性，雌雄同株，雄花簇生，雌花单生。坚果周围带木质薄翅。花期 4 月；果期 7～8 月。

▲ 叶枝（秋色）

生态习性　中国特产，分布于黄河及长江流域。喜光，稍耐阴；耐干旱、瘠薄，常生于石灰岩山地。

繁殖方法　播种繁殖。

▲ 果枝

🪴 **欣赏应用**

青檀树形美观，季相分明，秋叶金黄色，为秋色叶类黄（金）色叶彩叶树种。园林中可孤植、片植或作行道树；青檀寿命长，耐修剪，是优良的盆景观赏树种。

▲ 树形

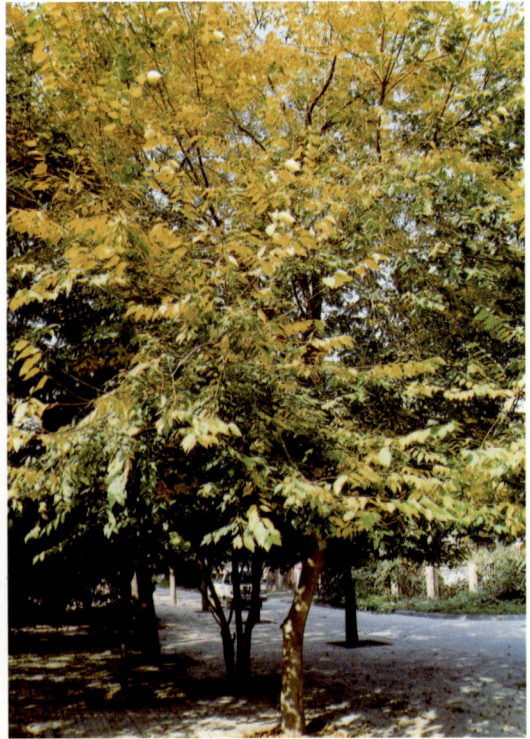
▲ 丛植秋色景观

14 | 黑 榆 *Ulmus davidiana*

科属　榆科　榆属

形态特征　落叶乔木，高达 15 m。单叶对生，叶片倒卵形或椭圆状倒卵形，先端突尖，基部歪斜，叶缘有重锯齿；叶色浓绿，秋叶变成黄色。花两性，3～8 朵簇生，早春先叶开放。翅果倒卵形。花期 4～5 月；果期 5～6 月。

生态习性　产于我国华北、西北等地。喜光，耐寒，耐干旱。

繁殖方法　播种繁殖。

欣赏应用

黑榆枝头的新鲜榆钱，轻如蝶翅，成叶绿色，秋叶变成黄色，为秋色叶类黄（金）色叶彩叶树种。园林中可孤植、丛植或大片群植；也常作"四旁"绿化树种。

▲ 树形（秋色）

◀ 叶枝（秋色）

◀ 叶片

▲ 天然林秋色景观

季色叶彩叶植物

15 白 榆 *Ulmus pumila*

科属 榆科 榆属　　　**别名** 家榆 榆树

形态特征 落叶乔木，高达25 m。树冠圆球形，小枝灰色。单叶互生，叶片椭圆状卵形或椭圆状披针形，先端渐尖，基部近对称或稍偏斜，叶缘具单锯齿；新叶浅绿色，成叶深绿色，秋叶变成黄色。花两性，早春先叶开放。翅果近圆形，熟时黄白色。花期3～4月；果期4～5月。

生态习性 产于我国东北、华北、西北、华中、华东等地区；河北省丰宁、赤城有天然白榆林。喜光，耐寒；耐旱，耐盐碱；适宜肥沃、湿润而排水良好的土壤。

繁殖方法 播种、分株繁殖。

🌿 **欣赏应用**

白榆树干通直，树体高大，成叶绿色，秋叶黄色，为秋色叶类黄（金）色叶彩叶树种。是城市绿化的重要树种，宜作行道树、庭荫树及"四旁"绿化树种；也可作绿篱、盆景；还是营造防风林、水土保持林和盐碱地造林的主要树种。

▲ 树形

▲ 树形（秋色）

▲ 天然林秋色景观

◀ 叶枝

16 构 树 *Broussonetia papyrifera*

| 科属 | 桑科　构属 | 别名 | 楮树 |

形态特征　落叶乔木，高达 16 m。单叶互生，稀对生，叶形变化较大，叶片卵形，先端渐尖或短尖，基部心形或圆形，叶缘不裂或 3～5 深裂，具粗锯齿；叶绿色，秋叶变成黄色。花单性，雌雄异株，雄花为莱荑花序，雌花成球形头状花序。聚花果球形，橘红色。花期 5～6 月；果期 8～9 月。

生态习性　分布于我国华北、华东、华中、华南及西南地区。喜光，适应性强，较耐寒；耐干旱、瘠薄；抗烟尘。

繁殖方法　播种、压条、扦插繁殖。

🪴 欣赏应用

构树枝叶繁茂，叶形变化大，秋季黄色，为秋色叶类黄（金）色叶彩叶树种。可作工矿区、"四旁"绿化和荒山造林树种；也可作庭荫树栽培观赏。

▲ 叶片

▲ 叶枝（秋色）

▲ 丛植秋色景观

▲ 树形

17 | 柘 树 *Cudrania tricuspidata*

科属 桑科 柘属　　**别名** 柘桑

形态特征 落叶小乔木，有时灌木状，高达10 m。单叶互生，叶片卵形至倒卵形，先端钝尖，基部楔形或圆形，全缘或2~3裂；新叶浅绿色，成叶深绿色，秋叶变成黄色。雌雄异株，雌雄花序均为球形头状花序，单生或成对腋生。聚花果，近球形，熟时红色。花期5~6月；果期9~10月。

生态习性 产于我国华北南部、华东、西南等地。喜光，耐干旱和瘠薄，为喜钙树种。

繁殖方法 播种繁殖。

花　絮 我国有"南檀北柘"之称。北京潭柘寺，因寺后有龙潭、山间有柘树而得名。

🌿 **欣赏应用**

柘树叶秀果丽，秋叶黄色，为秋色叶类黄（金）色叶彩叶树种。园林中可作庭荫树或刺篱；也是风景区绿化、荒滩保持水土的先锋树种。

▲ 树形

▲ 丛植秋色景观

▲ 果序枝

▲ 叶片

18 桑 *Morus alba*

| 科属 | 桑科 桑属 | 别名 | 桑树 |

形态特征 落叶乔木，高达 15 m。单叶互生，叶片卵形或宽卵形，先端急尖或钝尖，基部圆形或近心形，叶缘具粗钝锯齿；叶面鲜绿色，秋叶变成黄色。花单性，雌雄异株，雄花序黄色，雌花绿色。聚花果椭圆形，熟时紫黑色。花期 4～5 月；果期 5～6 月。

生态习性 原产于我国中部及北部地区；现各地广泛栽培。喜光，喜温暖、湿润环境，耐寒，耐旱；适宜土层深厚、肥沃、湿润的土壤。

繁殖方法 播种、扦插、嫁接繁殖。

花　絮 我国是世界蚕桑生产起源国，早在新石器时期，就有养蚕业的存在。传说中黄帝轩辕氏之妻嫘祖，发明了养蚕治丝。

◀ 叶片

▲ 树形

🪣 **欣赏应用**

桑枝繁叶茂，成叶鲜绿，秋季叶色黄灿，为秋色叶类黄（金）色叶彩叶树种。适宜城乡及工矿区绿化；也可作防护林栽培。

▲ 丛植秋色景观

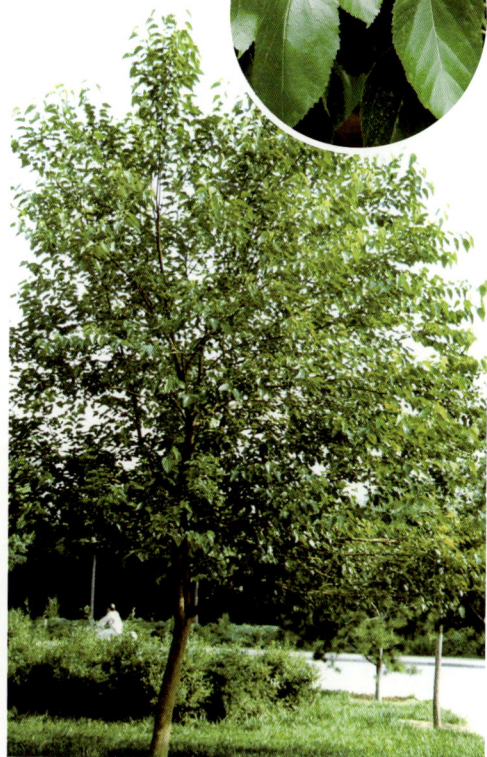

◀ 叶枝（秋色）

季色叶彩叶植物

19 蒙 桑 *Morus mongolica*

科属 桑科 桑属

形态特征 落叶小乔木或成灌木状，高达10 m。单叶互生，叶片卵形或椭圆状卵形，先端尾尖，基部心形，叶缘有较整齐的粗锯齿；成叶绿色，秋叶变成黄色。花单性，雌雄异株，花序腋生。聚花果，熟时红色或紫黑色。花期4～5月；果期6月。

生态习性 产于我国东北、华北、华中及西南各地。喜光，耐寒；对土壤要求不严格。

繁殖方法 播种、扦插繁殖。

🖋 **欣赏应用**

蒙桑成叶绿色，秋后变成黄色，为秋色叶类黄（金）色叶彩叶树种。适宜城乡绿化；也可作防护林栽培。

▲ 树形

▲ 天然林秋色景观

◀ 叶枝（秋色）

20 鹅掌楸 *Liriodendron chinense*

科属　木兰科　鹅掌楸属　　　**别名**　马褂木

形态特征　落叶乔木，高达 40 m。单叶互生，叶端常截形，两侧各具一凹裂，马褂形；新叶浅绿色，成叶深绿色，秋叶变成橙黄色。花杯状，单生枝端，黄绿色。聚合果由具翅小坚果组成。花期 4～5 月；果期 9～10 月。

生态习性　产于我国华东、华中和西南等地；北京、河北等地有栽培。喜光，喜温暖、湿润环境，有一定耐寒性；适宜深厚、肥沃而排水良好的酸性土壤。

繁殖方法　播种、扦插繁殖。

▲ 果枝

花朵 ▶

花　絮　国家二级重点保护野生植物。第四纪冰川期以后，鹅掌楸属仅在中国和北美各存一种，这种同属植物洲际间断分布的现象，在世界并不多见，因而鹅掌楸对古植物学、植物系统学和植物地理学的研究，具有极高的科学价值。

▲ 群植秋色景观

季色叶彩叶植物

🪴 欣赏应用

鹅掌楸树姿优美秀丽，叶形奇特，花大而美丽，秋叶橙黄，为秋色叶类黄（金）色叶彩叶树种。是世界珍贵的庭园观赏树种之一，园林中适宜作庭荫树、园景树、行道树或孤植、群植观赏。

▲ 树形

▲ 叶片

▲ 树形（秋色）

▲ 叶片（秋色）

21 玉 兰 *Magnolia denudata*

科属 木兰科 木兰属　　**别名** 白玉兰

形态特征 落叶乔木，高达 20 m。单叶互生，叶片倒卵状椭圆形，先端圆或平截，有小突尖，基部圆形或广楔形，全缘；叶色翠绿，秋叶变成黄色。花大，两性，单生枝顶，先叶开放，芳香。聚合蓇葖果，褐色。花期 3 ~ 4 月；果期 9 ~ 10 月。

生态习性 产于我国中部地区；现各地均有栽培。喜光，稍耐寒，较耐干旱；适宜肥沃、湿润、排水良好的酸性土壤。

繁殖方法 播种、嫁接、扦插繁殖。

▲ 花枝

▲ 果枝

▲ 丛植秋色景观

季色叶彩叶植物

花　　絮　[明]·眭石《玉兰》："霓裳片片晚妆新，束素亭亭玉殿春。已向丹霞生浅晕，故将清露作芳尘。"

　　花语为报恩。

　　玉兰为上海市花。

🌱 欣赏应用

> 玉兰花大洁白，芳香浓郁，早春白花满树，秋天叶色黄灿，为秋色叶类黄（金）色叶彩叶树种。园林中适宜丛植、列植、群植；也可与其他树种搭配组成风景林。

▲ 叶片

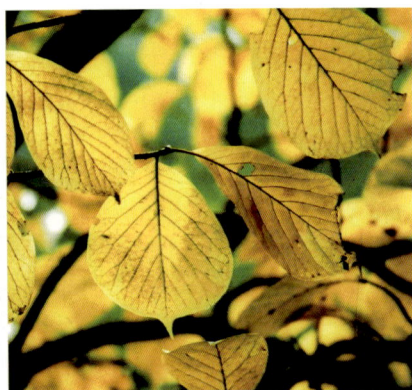

▲ 叶片（秋色）

▲ 树形

▲ 树形（秋色）

22 望春玉兰 *Magnolia biondii*

科属　木兰科　木兰属

形态特征　落叶乔木，高达 12 m。单叶互生，叶片长圆状披针形或卵状披针形，先端急尖，基部楔形或圆形；叶深绿色，秋叶变成黄色。花两性，单生枝顶，先叶开放，白色花基部带紫红色，芳香。聚合蓇葖果，不规则圆柱形。花期 3 月；果期 9 月。

生态习性　产于我国西北、华中等地；华北有栽培。喜光，喜温暖、湿润气候；适宜微酸性土壤。

繁殖方法　播种繁殖。

欣赏应用

望春玉兰成叶绿色，秋叶黄色，为秋色叶类黄（金）色叶类彩叶树种。园林中适宜作行道树或庭院栽培观赏。

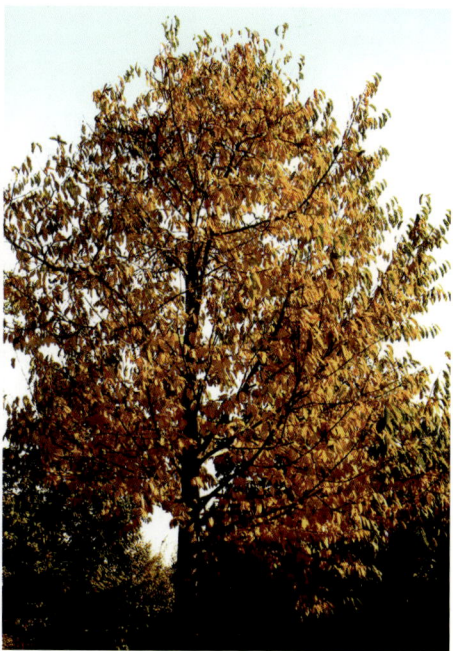

▲ 树形

▲ 丛植秋色景观　　　▲ 叶片（秋色）　　　▲ 树形（秋色）

23　悬铃木　*Platanus × acerifolia*

科属　悬铃木科　悬铃木属　　　别名　二球悬铃木

形态特征　落叶乔木，高达35 m。单叶互生，叶3～5裂，中部裂片长宽近相等，裂片三角形，基部宽楔形或截形，叶缘有大锯齿；成叶绿色，秋叶变成橙黄色。花单性，雌雄同株，雌花和雄花各自集生成头状花序。球形果序通常2个着生在长柄上，由多数小坚果组成。花期4～5月；果期9～10月。

生态习性　本种是一球悬铃木与三球悬铃木的杂交种，1663年在英国育成。我国除东北、西北外各地广泛栽培。喜光，喜温暖、湿润环境，较耐寒；适宜深厚、湿润、肥沃的土壤；抗旱，抗烟尘。

繁殖方法　播种、扦插繁殖。

▲ 叶片

▲ 果序枝

▲ 花序枝

▲ 树形

欣赏应用

悬铃木树体高大，枝叶繁茂，成叶绿色，秋叶橙黄，为秋色叶类黄（金）色彩叶植种，是世界四大行道观赏树种之一，我国多作行道树或群植栽培观赏。

▲ 叶枝（冬色）

▲ 树形（秋色）

▲ 群植秋色景观

季色叶彩叶植物

24　柳叶绣线菊　*Spiraea salicifolia*

科属　蔷薇科　绣线菊属　　　　**别名**　绣线菊

形态特征　落叶灌木，高达2m。单叶互生，叶片长椭圆状披针形，先端急尖，基部楔形，叶缘有细锯齿；叶表面绿色，背面淡绿色，秋叶变成橙黄色。圆锥花序顶生，花粉红色。蓇葖果直立。花期6~8月；果期8~9月。

生态习性　产于我国东北、华北等地。喜光，耐寒；适宜肥沃、湿润土壤。

繁殖方法　播种繁殖。

🪴 欣赏应用

柳叶绣线菊夏季开粉花，成叶绿色，秋叶橙黄色，非常美丽，为秋色叶类黄（金）色彩叶树种。适宜庭园栽培观赏。

▼ 花序枝

▲ 植株

◀ 叶枝(秋色)

▲ 丛植秋色景观

25 甘肃山楂 *Crataegus kansuensis*

科属 蔷薇科 山楂属

形态特征 落叶小乔木或灌木,高2.5～8 m。单叶互生,叶片宽卵形,先端急尖,基部楔形,叶缘有5～7对浅裂及尖锐锯齿;新叶浅绿,成叶深绿,秋叶变成橙黄色。伞房花序顶生,花白色。梨果近球形,熟时红色或橘红色。花期5月;果期7～9月。

生态习性 产于我国西北、华北等地。喜光,稍耐阴;耐寒,耐旱;适宜肥沃、湿润土壤。

繁殖方法 播种繁殖。

🌿 欣赏应用

甘肃山楂枝叶繁茂,白花红果,秋叶橙黄,为秋色叶类黄(金)色叶彩叶树种。园林中可孤植、丛植于草坪、路旁、水边栽培观赏。

▲ 植株

▲ 果序枝

▲ 花序枝

▲ 植株(秋色)

季色叶彩叶植物

26 | 棣 棠 *Kerria japonica*

科属　蔷薇科　棣棠属

形态特征　落叶灌木，高达 2 m。单叶互生，叶片卵形或三角状卵形，先端长渐尖，基部近圆或平截心形，叶缘具重锯齿，常浅裂；成叶浅绿色，秋叶变成黄色。花单生于侧枝顶端，金黄色，单瓣或重瓣。聚合瘦果，卵形至半球形，褐黑色。花期 4～5 月；果期 7～8 月。

生态习性　产于我国华北、华东、华中、华南、西南地区。喜光，耐半阴；喜温暖、湿润气候，不耐严寒；适宜湿润、肥沃、排水良好的土壤。

繁殖方法　播种、扦插、分株繁殖。

花　絮　[宋]·范成大《道傍棣棠花》："乍晴芳草竞怀新，谁种幽花隔路尘。绿地缕金罗结带，为谁开放可怜春。"

🪣 欣赏应用

棣棠枝条翠绿，成叶绿色，秋叶黄灿，繁花似锦，为枝、叶、花俱美的秋色叶类黄（金）色叶彩叶树种。适宜美化庭园，也可丛植于水畔、坡边、林下和假山旁；还可以用于花丛、花境和花篱。

▲ 叶枝

▲ 叶片（秋色）

▲ 丛植秋色景观

▲ 植株（秋色）

▲ 绿茎

▲ 植株

◀ 果实

◀ 花朵

季色叶彩叶植物

27 | 玫 瑰 *Rosa rugosa*

科属 蔷薇科 蔷薇属

形态特征 落叶灌木，高达2m。奇数羽状复叶互生，小叶5～9枚，叶片椭圆形或椭圆状倒卵形，先端急尖或圆钝，基部圆形，边缘有锐锯齿；成叶深绿色，秋叶变成黄橙色。花单生或数朵簇生，紫红色，芳香。蔷薇果扁球形，砖红色。花期5～6月；果期8～9月。

生态习性 原产于我国北部地区；各地较广泛栽培。喜光，不耐阴；耐寒，耐旱，不耐积水；适宜肥沃、排水良好的中性或微酸性土壤。

▲ 叶枝（秋色）

繁殖方法 分株、扦插、嫁接繁殖。

花 絮 在希腊神话中，玫瑰是美神的化身，又融进了爱神的鲜血，它集爱与美于一身。在世界范围内，玫瑰是用来表达爱情的通用语言。

玫瑰是美国、英国、西班牙、卢森堡、保加利亚的国花。是乌鲁木齐、兰州、银川、沈阳、拉萨市花。

🪴 欣赏应用

玫瑰花色艳丽而芳香，秋叶黄橙，为秋色叶类黄（金）色叶彩叶树种。园林中适宜作花篱及花境；也可丛植于草坪、坡地栽培观赏。

▲ 丛植秋色景观

◀ 花朵　　▲ 植株

▲ 花枝

28 紫 荆 *Cercis chinensis*

科属 苏木科 紫荆属

形态特征 落叶灌木或小乔木，高 2～5 m。单叶互生，叶片近圆形，先端渐尖或骤尖，基部心形，纸质；成叶绿色，秋叶变成黄色。花先叶开放，5～8 朵簇生在老枝上，紫红色或粉红色。荚果带状。花期 4～5 月；果期 8～10 月。

生态习性 产于我国黄河流域及以南地区；华北各地普遍栽培。喜光，不耐水湿，稍耐寒；适宜肥沃、排水良好的土壤。

繁殖方法 播种、扦插、压条繁殖。

▲ 花序枝

▲ 叶片（秋色）

▲ 植株

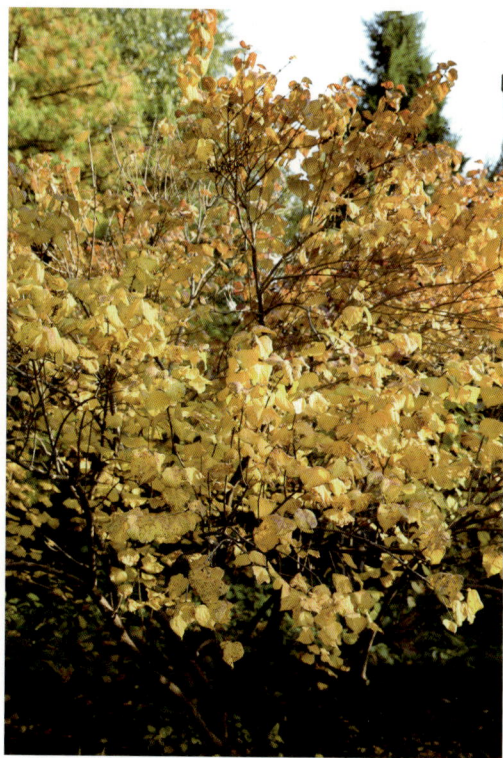

▲ 植株（秋色）

季色叶彩叶植物

花　絮　传说南朝时，京兆尹田真与兄弟田庆、田广三人分家，当别的财产都已分置妥当时，最后才发现院子里还有一株枝叶扶疏、花团锦簇的紫荆花树不好处理。当晚，兄弟三人商量将这株紫荆树分为三份，每人分一份。第二天清早，兄弟三人前去砍树时发现，这株紫荆树枝叶已全部枯萎，花朵也全部凋落。田真见此状不禁对两个兄弟感叹道："人不如木也"。后来，兄弟三人又把家合起来，并和睦相处。那株紫荆树好像颇通人性，也随之又恢复了生机，且生长得花繁叶茂。

花语为亲情，兄弟和睦，家业兴旺。

🪴 欣赏应用

紫荆春季花开满树，鲜艳夺目，夏季叶色翠绿，秋季叶色变黄，为秋色叶类黄（金）色叶彩叶树种。适宜丛植于庭院、建筑物前、草坪边缘或与其他春花植物搭配种植。

▲ 叶片

▲ 果序枝

▲ 丛植秋色景观

29 野皂荚 *Gleditsia microphylla*

科属　苏木科　皂荚属

形态特征　落叶灌木或小乔木，高达 4 m。一至二回羽状复叶，小叶 10～20 枚，叶片矩圆形，先端圆形，基部宽楔形，偏斜，全缘；成叶绿色，秋叶变成橙黄色。花杂性，穗状花序，花白色。荚果矩圆形。花期 5～6 月；果期 7～9 月。

生态习性　产于我国华北、华东地区。多生于黄土丘陵及石灰岩山地。喜光，稍耐阴，耐旱，较耐寒；对土壤要求不严格。

繁殖方法　播种繁殖。

🌿 **欣赏应用**

野皂荚成叶绿色，秋天变成黄色，为秋色叶类黄（金）色叶彩叶树种。园林中可作绿篱及"四旁"绿化树种。

▲ 果序枝

▲ 叶枝

▲ 植株

▲ 植株（秋色）

季色叶彩叶植物

30 | 胡枝子 *Lespedeza bicolor*

科属　蝶形花科　胡枝子属　　别名　二色胡枝子

形态特征　落叶灌木，高达3 m。羽状三出复叶互生，小叶3枚，卵形至卵状椭圆形，先端钝圆并具小刺尖，基部圆形或宽楔形，全缘；成叶绿色，秋叶变成黄色。总状花序腋生，花淡紫红色。荚果斜卵形，稍扁。花期7～9月；果期9～10月。

生态习性　产于我国东北、华北至长江流域以南地区。喜光，耐半阴；耐干旱、瘠薄土壤。

繁殖方法　播种、分株繁殖。

🌿 欣赏应用

胡枝子成叶绿色，秋天变成橙黄色，为秋色叶类黄（金）色叶彩叶树种。可植于庭院观赏；也可作水土保持及防护林。

▲ 叶枝（秋色）

▲ 叶枝（秋色）

▲ 花序枝

▲ 丛植景观

31 刺 槐 *Robinia pseudoacacia*

科属 蝶形花科 刺槐属　　**别名** 洋槐

形态特征 落叶乔木，高达 25 m。奇数羽状复叶互生，小叶 7～19 枚，椭圆形至长椭圆形或卵形，先端圆或微凹具小头，基部宽楔形，全缘；新叶浅绿色，成叶深绿色，秋叶变成黄色。总状花序腋生、下垂，花蝶形，白色，芳香。荚果扁平，带状，红褐色。花期 4～5 月；果期 8～9 月。

▲ 树形

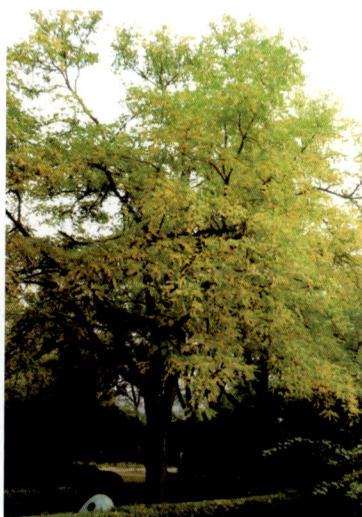

▲ 树形（秋色）

生态习性 原产于北美洲。我国各地广泛栽培。为强阳性树种，喜光，不耐阴；耐干旱瘠薄，适应性强。

繁殖方法 播种、插根、插条、根蘖繁殖。

欣赏应用

刺槐树体高大，开花季节绿白相间，芳香怡人，夏季羽叶翠绿，秋季叶色金黄，为秋色叶类黄（金）色叶彩叶树种。园林中适作庭荫树、行道树；也是工矿区、荒山荒地绿化造林先锋树种；还可作蜜源树种。

◀ 叶片（秋色）

▲ 孤植树秋色景观

32 | 红花刺槐 *Robinia pseudoacacia* ' Decaisneana'

科属 蝶形花科 刺槐属 **别名** 红花洋槐

形态特征 落叶乔木，高达 25 m。为刺槐的栽培品种。其区别在于花亮玫瑰红色。

其他特征及内容同刺槐。

▲ 花序枝

▲ 叶枝（秋色）

▲ 树形

▲ 树形（秋色）

33 一 叶 萩 *Flueggea suffruticosa*

科属 大戟科 白饭树属 　　**别名** 叶底珠

形态特征 落叶灌木，高 1～3 m。单叶互生，叶片椭圆形或卵状矩圆形，先端钝或稍尖，基部宽楔形，全缘或有不整齐细钝齿；叶表面绿色，背面淡绿色，秋叶变成黄色。花小，单性，雌雄异株，黄绿色。蒴果三菱状扁球形，红褐色。花期 5～7 月；果期 8～9 月。

生态习性 产于我国东北、华北、华东、华中及西南地区。多生于山坡灌丛及向阳处。喜光，耐寒，耐旱，适应性强。

繁殖方法 播种繁殖。

欣赏应用

一叶萩枝叶繁茂，花果密集，秋叶黄灿，为秋色叶类黄（金）色叶彩叶树种。园林中可配置于假山、草坪、河畔、路边，具有良好的观赏效果。

▲ 叶枝（秋色）

▲ 叶枝

▲ 植株

▲ 植株（秋色）

季色叶彩叶植物

34 | 糖槭 *Acer saccharum*

科属 槭树科 槭属　　　**别名** 银槭

形态特征 落叶乔木，高达 40 m。单叶对生，叶掌状 3～5 深裂，裂片先端渐尖，叶缘具不规则粗齿；叶表面亮绿色，背面银白色，秋叶变成亮黄色至红色。伞形花序，花先叶开放，雌雄同株或异株，黄绿色。翅果狭长，淡黄褐色，张开成锐角或近直角。花期 6 月；果期 8 月。

生态习性 原产于美国东北部、加拿大。我国华北及长江中下游地区有栽培。喜光，耐寒，耐旱；适宜湿润，肥沃的沙壤土。

繁殖方法 播种繁殖。

🌿 欣赏应用

糖槭新叶略带红色，成叶绿色，秋季变为亮黄色，为秋色叶类黄（金）色彩叶树种。园林中可作庭荫树、行道树及防护林树种。

▲ 叶片

▲ 叶片（秋色）

▲ 树形

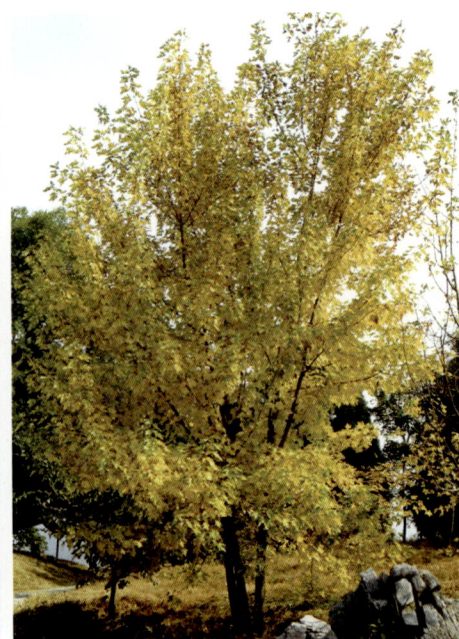

▲ 树形（秋色）

35 全缘叶栾树 *Koelreuteria bipinnata*

科属 无患子科 栾树属 **别名** 黄山栾树

形态特征 落叶乔木，高达 20 m。二回奇数羽状复叶互生，小叶 7～9 枚，长椭圆状卵形，先端渐尖，基部圆形或楔形，叶缘全缘或偶有疏锯齿；成叶绿色，秋叶变成黄色。圆锥花序顶生，花黄色。蒴果，椭圆形或椭圆状卵形，紫红色。花期 8～9 月；果期 10～11 月。

生态习性 产于我国长江中下游至华南、西南地区；华北地区有栽培。喜光，喜温暖、湿润气候；对土壤要求不严格。

繁殖方法 播种、分蘖繁殖。

🪣 欣赏应用

全缘叶栾树初秋开花，金黄夺目，不久红色灯笼似的果实挂满树梢，秋叶黄灿，十分美丽，为秋色叶类黄（金）色彩叶树种。园林中适宜作庭荫树、行道树及园景树栽培观赏。

▲ 花序枝

▲ 行道树秋色景观

季色叶彩叶植物

▲ 叶片　　　　　　　　　　　▲ 叶枝（秋色）　　　　　▲ 果序枝

树形 ▶

36　栾　树　*Koelreuteria paniculata*

科属　无患子科　栾树属　　　　**别名**　灯笼树

形态特征　落叶乔木，高达 15 m。奇数羽状复叶，小叶 7～15 枚，卵形或卵状披针形，叶缘具锯齿或不规则羽状分裂；新叶紫红色，成叶深绿色，秋叶变成黄色。圆锥花序顶生，花黄色，中心紫色。蒴果，三角状卵形，囊状，棕红色。花期 6～7 月；果期 9～10 月。

生态习性　产于我国北部地区；华北常见栽培。喜光，耐半阴；较耐寒，耐干旱，耐盐碱；对土壤要求不严格。

繁殖方法　播种、分蘖繁殖。

🌱 欣赏应用

栾树冠形优美，春季嫩叶紫红，夏季黄花满树，秋季叶色金黄，棕红色的蒴果如一串串美丽的小灯笼，甚为壮观，为秋色叶类黄（金）色叶彩叶树种。园林中适宜作风景树、庭荫树、行道树；也可作"四旁"及厂矿绿化树种。

▲ 花序枝

▲ 果序

▲ 树形

季色叶彩叶植物

树形（秋色） 叶片 叶片（秋色）

37 梧 桐 *Firmiana platanifolia*

科属 梧桐科 梧桐属　　**别名** 青桐

形态特征 落叶乔木，高 15～20 m。树皮青绿色，光滑。叶互生，掌状 3～5 裂，裂片三角形，先端渐尖，基部心形，全缘；新叶黄绿或淡紫红色，成叶深绿色，秋叶变成橙黄色。花单性同株，圆锥花序顶生，花淡黄绿色。蓇葖果，膜质，成熟前开裂呈舟形。花期 6～7 月；果期 9～10 月。

生态习性 产于我国和日本；华北至华南、西南地区广泛栽培。喜光，喜温暖、湿润环境，不耐寒，怕水淹；适宜深厚、肥沃、湿润而又排水好的沙质壤土。

繁殖方法 播种繁殖。

▲ 叶片

花　絮 梧桐在我国文学作品中经常出现，从《楚辞》《诗经》到明清的章回小说，各种体裁的文学作品中，都可以找到关于梧桐的描述。古人爱梧桐，同时赋予梧桐神话色彩。庄子《秋水》中说凤凰"非梧桐不止，非练实不食。"古人认为凤凰的出现，是吉祥之兆，引来凤凰的梧桐，自然也是代表祥瑞的植物。民间常在图案中将梧桐与喜鹊合构，取谐音"同喜"，寄托吉祥的寓意。

古人说梧桐知秋，立秋之日，必有一叶先坠，被认为是临秋的标志，故有"梧桐一叶落，天下尽知秋"的诗句。

▲ 树形

▲ 树形（秋色）

季色叶彩叶植物

🌿 欣赏应用

梧桐伟岸挺拔，干青叶碧，绿荫如盖，秋叶橙黄，蓇葖果，展开时犹如满树凤凰竞相开屏，奇特而美丽，为秋色叶类黄（金）色叶彩叶树种。园林中常孤植或丛植于草坪、庭园、建筑物前、湖畔等处；也是优良的行道树及居民区、工厂区绿化树种。

▲ 花序

▲ 丛植秋色景观

▲ 果序

▲ 叶枝（秋色）

38 石榴 *Puniaa granatum*

科属 石榴科 石榴属　　别名 安石榴

形态特征 落叶灌木或小乔木，高 2～7 m。单叶对生或簇生，叶片长卵圆状披针形，全缘；新叶淡绿或淡紫红色，成叶亮绿色，秋叶变成黄色。花两性，单生或数朵集生于短枝新梢叶腋，花深红色。浆果，近球形，黄褐色至红色。花期 5～6 月；果期 9～10 月。

生态习性 原产于伊朗和阿富汗等中亚地区。我国各地有栽培。喜光，喜温暖、干燥气候，较耐寒；适宜排水良好的石灰质土壤。

繁殖方法 播种、压条、分株、嫁接繁殖。

花　絮 石榴、桃和佛手是我国三大吉祥果，人们常将这三大吉祥果放在一起，表示多子、多寿、多福。

🌿 欣赏应用

石榴树姿优美，成叶碧绿，夏季红花满枝，艳丽如火，仲秋叶色金黄，硕果累累，鲜艳夺目，为秋色叶类黄（金）色叶彩叶树种。适宜成丛配置于庭园中，又可大量配植于自然风景区；也是盆栽和制作盆景的好材料。

▲ 植株

◀ 果实

▲ 丛植秋色景观

▲ 叶枝（秋色）

季色叶彩叶植物

39　金钟花　*Forsythia viridissima*

科属　木犀科　连翘属

形态特征　落叶灌木，高达 3 m。单叶对生，叶片长椭圆形，先端尖，基部楔形，在叶片中部 1/3 以上有锯齿；成叶深绿色，秋叶变成橙黄色。花 1～4 朵簇生于叶腋，深黄色，先叶开放。蒴果卵球形。花期 3～4 月，果期 6～8 月。

生态习性　产于我国长江流域；华北等地有栽培。喜光，稍耐阴；耐干旱瘠薄，怕水涝，对土壤要求不严格。

繁殖方法　播种、扦插繁殖。

欣赏应用

金钟花花期早，花色金黄，秋叶橙黄美丽，为秋色叶类黄（金）色叶彩叶树种。园林中适宜丛植于草坪、墙隅、岩石假山下、路缘、阶前等处；也可作绿篱栽培观赏。

▲ 植株

▲ 植株（秋色）

▲ 丛植秋色景观

◀ 叶枝（秋色）

40 白蜡树 *Fraxinus chinensis*

科属　木犀科　白蜡属

形态特征　落叶乔木，高达15 m。奇数羽状复叶对生，小叶5～9枚，叶片卵圆形或卵状披针形，先端尖，基部楔形，叶缘有钝齿；成叶暗绿色，秋叶变成金黄色。花单性异株，圆锥花序顶生或侧生于当年生枝上。翅果倒披针形。花期4月；果期9月。

生态习性　产于我国东北南部至华南北部地区。耐半阴，喜温暖，耐寒；耐旱，抗烟尘，耐轻盐碱。

繁殖方法　播种，扦插繁殖。

欣赏应用

白蜡树姿态优美，枝叶繁茂，秋叶金黄，为秋色叶类黄（金）色叶彩叶树种。园林中适宜作庭荫树、行道树及绿化树种。

▲ 叶片

▲ 叶枝（秋色）

▲ 树形

▲ 树形（秋色）

季色叶彩叶植物

41 洋白蜡 *Fraxinus pennsylvanica*

科属　木犀科　白蜡属

形态特征　落叶乔木，高达 20 m。奇数羽状复叶对生，小叶 7 ~ 9 枚，叶片卵状长椭圆形至披针形，先端渐尖，基部宽楔形，叶缘具锯齿或全缘；成叶深绿色，秋叶变成金黄色。花单性，雌雄异株，圆锥花序生于小枝上。翅果，果翅较狭。花期 5 ~ 6 月；果期 6 ~ 7 月。

生态习性　原产于美国中部至东部。我国东北、华北、西北至长江下游以北地区有栽培。喜光，耐寒；耐低湿，耐干旱和盐碱，对土壤要求不严格。

繁殖方法　播种繁殖。

🪣 **欣赏应用**

洋白蜡枝叶繁茂，成叶绿色，秋叶金黄，非常醒目，为秋色叶类黄（金）色叶彩叶树种。常作行道树及防护林树种栽培。

▲ 果序枝

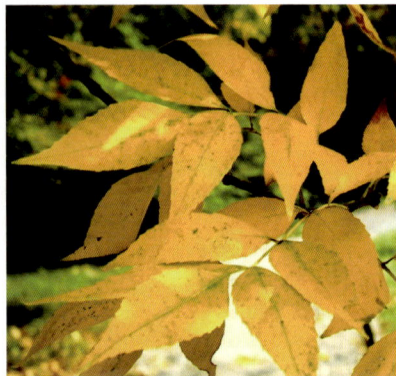

▲ 叶片（秋色）

▲ 树形

▲ 树形（秋色）

42 | 大叶白蜡 *Fraxinus rhynchophylla*

| 科属 | 木犀科 白蜡属 | 别名 | 花曲柳 |

形态特征 落叶乔木，高达 15 m。奇数羽状复叶对生，小叶 5～7 枚，叶片卵形至椭圆状倒卵形，顶生小叶常特大，先端渐尖或尾尖，基部楔形、宽楔形，叶缘具稀疏粗钝锯齿；成叶绿色，秋叶变成橙黄色。圆锥花序，生于当年生枝顶或叶腋。翅果倒披针形。花期 3～4 月；果期 9～10 月。

生态习性 产于我国东北、华北地区；北方城市多见栽培。喜光，稍耐阴，较耐寒，耐旱；适宜深厚、肥沃的土壤。

繁殖方法 播种、扦插繁殖。

▲ 植株

▲ 植株（秋色）

🪴 欣赏应用

大叶白蜡树形优美，枝繁叶茂，秋叶黄橙，为秋色叶类黄（金）色叶彩叶树种。园林中宜作庭荫树、行道树栽培。

◄ 叶枝（秋色）

▲ 天然林秋色景观

季色叶彩叶植物

● 红（紫）色叶彩叶植物

1 水 杉 *Metasequoia glyptostroboides*

科属　杉科　水杉属

形态特征　落叶乔木，高达 35 m。幼树树冠尖塔形，老树则为广圆形。叶交互对生，叶片条形，扁平；成叶淡绿色，秋叶变为棕褐色。雌雄同株，雄球花单生叶腋或枝顶，或多数排成总状或圆锥花序枝；雌球花单生于去年生枝顶或近枝顶，珠鳞 11～14 对，交互对生。球果近球形，熟时深褐色，下垂。花期 2 月；球果 11 月成熟。

◀ 球果枝

生态习性　产于我国川东、鄂西南和湘西北海拔 800～1500 m山区；华北以南各省普遍栽培。喜光，喜温暖、湿润环境；稍耐寒，耐水湿不耐旱；适宜深厚肥沃、排水良好的酸性土。

繁殖方法　播种、扦插繁殖。

花絮　水杉为我国特产，是世界著名的孑遗树种，被誉为"活化石"。

🪴 **欣赏应用**

水杉枝叶秀丽，嫩叶翠绿，秋叶变成棕褐色，为秋色叶类红（紫）色叶彩叶树种。适宜在园林中丛植、列植、孤植、片植，在滨水绿地上应用效果更好。

◀ 丛植秋色景观

▲ 雌球花枝

▲ 叶枝

▲ 叶枝（秋色）

▲ 树形

▲ 树形（秋色）

季色叶彩叶植物

2 池 杉 *Taxodium ascendens*

科属 杉科　落羽杉属　　　**别名** 池柏

形态特征 落叶乔木，高达 25 m。树冠较窄，尖塔形。叶锥形，螺旋状排列；初叶翠绿，成叶绿色，秋叶变成棕褐色。雌雄同株，雄球花排成总状或圆锥状花序，生于枝顶，雌球花单生于去年生枝顶。球果圆球形，熟时褐黄色。花期 3～4 月；球果 10 月成熟。

生态习性 原产于北美东南部沼泽地区。我国华中、华东、华南等地引种栽培。喜光，不耐阴；喜暖热、湿润环境；极耐水湿，也耐干旱；适宜深厚、疏松酸性土壤。

繁殖方法 播种、扦插繁殖。

▲ 球果枝

🪣 欣赏应用

池杉树姿优美，春叶翠绿，秋叶棕褐色，为秋色叶类红（紫）色叶彩叶树种。适宜水滨湿地成片栽植；也可孤植或丛植为园景树。

▲ 雄球花序

▲ 群植秋色景观

▲ 叶枝

▲ 叶枝（秋色）

▲ 树形

▲ 树形（秋色）

季色叶彩叶植物

3　落羽杉　*Taxodium distichum*

科属　杉科　落羽杉属　　　　**别名**　落羽松

形态特征　落叶乔木，高达50 m。叶条形，扁平，先端尖，排成羽状2列；新叶淡绿色，成叶绿色，秋叶变为暗红褐色。雄球花排成总状或圆锥状花序，生于枝顶，雌球花单生于去年生枝顶。球果圆球形或卵圆形，熟时淡褐黄色。花期3月；球果10月成熟。

生态习性　原产于北美洲东南部。我国长江流域及以南地区有栽培。喜光，喜温暖、湿润气候，有一定的耐寒性；极耐水湿；适宜深厚、湿润、肥沃土壤。

繁殖方法　播种、扦插繁殖。

🪴 **欣赏应用**

落羽杉树形高大挺拔，叶色翠绿，秋叶红褐色，为秋色叶类红（紫）色叶彩叶树种。落羽杉叶片经久不落，奇特的呼吸根凸出地面，与池水相互映衬，引人入胜，是世界著名园林树种。适宜水旁、河、湖、沼泽边栽植。

▲ 树形

▲ 树形（秋色）

▲ 片林秋色景观　　　　　　　　　　　　　　　　◄ 叶枝

4 | 虎榛子 *Ostryopsis davidiana*

科属 桦木科 虎榛子属

形态特征 落叶灌木，高 1～3 m。单叶互生，叶片卵形或椭圆状卵形，先端尖或锐尖，基部心形，多偏斜，叶缘具重锯齿；成叶深绿色，秋叶变成黄褐色。雄花组成下垂的柔荑花序，雌花序穗状。果序短穗状，小坚果宽卵形至球形，褐色。花期 4～5 月；果期 7～8 月。

生态习性 产于我国华北、西北等地。喜光，耐寒，耐干旱贫瘠。

繁殖方法 播种繁殖。

欣赏应用

虎榛子成叶绿色，秋天变成红褐色，为秋色叶类红（紫）色叶彩叶树种。是我国干旱半干旱地区特有的防风固土优势灌木，园林中可丛植于草坪、建筑前，或作绿篱等栽培观赏。

▲ 植株

▲ 植株（秋色）

▲ 叶片（秋色）

▲ 果序枝

▲ 天然林秋色景观

季色叶彩叶植物

5 板 栗 *Castanea mollissima*

科属 壳斗科 栗属   **别名** 栗子

形态特征 落叶乔木，高达 25 m。单叶互生，叶片长椭圆形至长椭圆状披针形，先端渐尖，基部广楔形至圆形，叶缘锯齿具芒状尖头；叶色浓绿，秋叶变成红褐色。花单性，雌雄同株，雄花序为葇荑花序，雌花生于雄花序下部或自成花序。壳斗球形，坚果 2～3 个生于壳斗内，深褐色。花期 5～6 月；果期 9～10 月。

生态习性 我国自辽宁以南各地均有分布；华北及长江流域多栽培。喜光，喜温暖、湿润气候；耐旱，不耐严寒；适宜深厚、湿润、肥沃的土壤。

繁殖方法 播种、嫁接繁殖。

花　絮 板栗被称为"五果"（桃、杏、李、枣）之一。

🪣 欣赏应用

板栗树形优美，叶片浓绿有光泽，秋叶红褐色，为秋色叶类红（紫）色叶彩叶树种。是重要的干果树种，也是园林结合生产的好树种。在公园草坪及坡地孤植或群植均适宜；亦可用作山区绿化造林和水土保持树种。

▲ 树形

▲ 群植秋色景观

▲ 果实

▲ 叶枝（秋色）

6 麻栎 *Quercus acutissima*

科属 壳斗科 栎属 　　**别名** 橡碗树

形态特征 落叶乔木，高达 30 m。单叶互生，叶片长椭圆状披针形，先端渐尖，基部圆或宽楔形，叶缘具芒状锯齿；成叶浓绿，秋叶变成橙褐色。花单性，雌雄同株，雄花序下垂，雌花序有花 1～3 朵，穗状直立。壳斗杯状，包着坚果约为 1/2，卵形或椭圆形。花期 3～4 月；果期翌年 9～10 月。

生态习性 产于我国辽宁以南至华南及西南等地。喜光，喜湿润气候，较耐寒；不耐水湿，不耐盐碱；适宜肥沃、湿润、排水良好的中性至微酸性沙壤土。

繁殖方法 播种繁殖。

果枝 ▶

▲ 树形（秋色）

▲ 树形

💧 **欣赏应用**

麻栎叶形奇特，叶色翠绿，秋色红艳，为秋色叶类红（紫）色叶彩叶树种。可作庭荫树、行道树，若与枫香、苦槠、青冈等混植，可构成城市风景林；也可营造防风林、水源涵养林。

▲ 天然林秋色景观

季色叶彩叶植物

7 | 槲栎 *Quercus aliena*

科属　壳斗科　栎属

形态特征　落叶乔木，高达 25 m。单叶互生，叶片倒卵状椭圆形，先端钝尖，基部楔形或圆形，叶缘具波状钝齿；叶色浓绿，秋叶变成棕褐色。花单性，雌雄同株，雄花序为葇荑花序，雌花生于雄花序下部自成花序。壳斗杯状，包着坚果。花期 4～5 月；果期 9～10 月。

生态习性　产于我国华北至华南及西南等地。喜光，稍耐阴；耐寒，耐干旱瘠薄；适宜湿润、深厚、排水良好的酸性和中性土壤。

繁殖方法　播种繁殖。

🪔 欣赏应用

槲栎树形高大，枝叶繁茂，成叶浓绿，秋叶红艳，为秋色叶类红（紫）色叶彩叶树种。园林中可孤植或群植于草坪，或作庭荫树、行道树；也可与枫香、青冈栎等混植，构成城市风景林。

▲ 树形

▲ 叶片（秋色）

▲ 果枝

▲ 天然林秋色景观

8 槲 树 *Quercus dentata*

科属 壳斗科 栎属　　**别名** 萝卜叶

形态特征 落叶乔木，高达 25 m。树冠椭圆形，小枝粗壮。单叶互生，叶片倒卵形或倒卵状椭圆形，先端钝尖，基部耳形或楔形，叶缘具波状裂片；叶色浓绿，秋叶变成红色。花单性，雌雄同株，雄花成下垂的荑荑花序，生于新枝的基部，雌花数朵生于枝梢。壳斗杯状，色着坚果 1/2 以上。花期 4～5 月；果期 9～10 月。

生态习性 产于我国东北、华北、西北、华东、华中及西南地区。喜光，耐寒，耐旱；适宜生长于排水良好的砂质土壤。

繁殖方法 播种繁殖。

🪣 欣赏应用

槲树叶片宽大，成叶绿色，入秋后变成红色，且经久不落，季相色彩极其丰富，为秋色叶类红（紫）色叶彩叶树种。园林中可孤植、片植或与其他树种混植栽培观赏。

▲ 树形　　　　　▲ 树形（秋色）

果枝 ▶

▲ 叶片（秋色）　　　　　　　　　　▲ 天然林秋色景观

9 | 蒙古栎 *Quercus mongolica*

科属 壳斗科 栎属　　　**别名** 柞树

形态特征 落叶乔木，高达 30 m。叶常集生枝端，叶片倒卵形，先端钝圆，基部窄楔形或近耳形，叶缘具深波状缺刻；叶表面深绿色，背面淡绿色，秋叶变成红褐色。花雌雄同株，雄花序为下垂的葇荑花序，雌花序较短。坚果卵形或长卵形，壳斗杯状，包着坚果 1/3 ~ 1/2，花期 4 ~ 5 月；果期 9 ~ 10 月。

生态习性 分布于我国东北、华北、西北各地。喜光，耐寒；耐干旱瘠薄，适宜中性至酸性土壤。

繁殖方法 播种繁殖。

🪣 **欣赏应用**

蒙古栎绿荫浓密，秋叶红艳，为秋色叶类红（紫）色叶彩叶树种。园林中可孤植、丛植或与其他树木混交成林，景观效果优良；也可用作园景树或行道树，树形好的可作孤植树观赏；还是营造防风林、水源涵养林的优良树种。

▲ 树形

▲ 树形（秋色）

▲ 天然林秋色景观

▲ 雌球花序

10　栓皮栎　*Quercus variabilis*

科属　壳斗科　栎属

形态特征　落叶乔木，高达 30 m。单叶互生，叶片长椭圆形或长椭圆状披针形，先端渐尖，基部圆形或宽楔形，叶缘具芒状锯齿；成叶绿色，秋叶变成橙褐色。花单性，雌雄同株，雄花序生于当年生枝下部，雌花单生或双生于当年生枝叶腋。壳斗杯状。花期 5 月；果期翌年 9～10 月成熟。

生态习性　产于我国华北、华东、华中及西南地区。喜光，耐寒；耐干旱、瘠薄。

繁殖方法　播种繁殖。

欣赏应用

栓皮栎树干通直，雄伟壮观，夏季叶色苍绿，秋叶橙褐色，为秋色叶类红（紫）色叶彩叶树种。园林中可孤植、丛植或与其他树种混交成林。

▲ 叶枝

▲ 叶枝（秋色）

▲ 树形

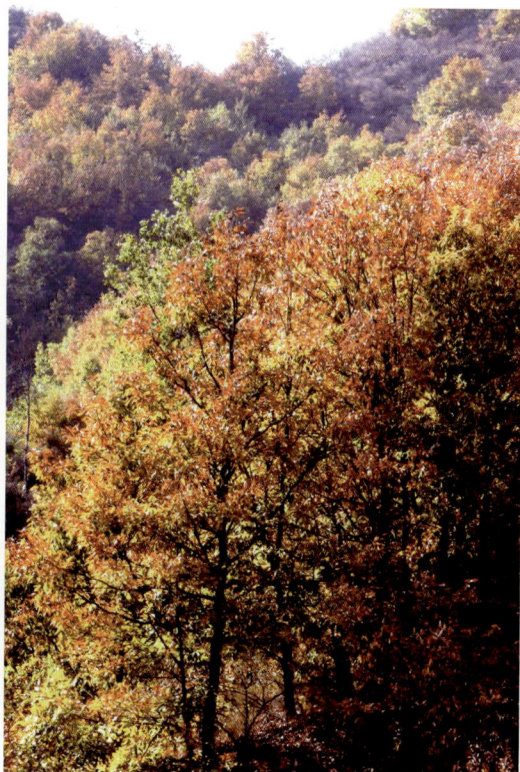

▲ 天然林秋色景观

11 ｜ 辽东栎 *Quercus wutaishanica*

科属 壳斗科　栎属

形态特征 落叶乔木，高达 15 m。单叶互生，叶片倒卵形，先端圆钝或短渐尖，基部窄圆形或耳形，叶缘具波状齿；叶面绿色，背面淡绿色，秋叶变成红褐色。花单性，雌雄同株，雄花序下垂，雌花单生或成短花序。壳斗杯状包着坚果 1/3 ～ 1/2，卵形至卵状椭圆形。花期 4～5 月；果期 9 月。

生态习性 产于我国东北、华北、西北等省区。喜光，耐寒，抗旱。

繁殖方法 播种繁殖。

花　絮 ［清］·乾隆《古栎歌》："古栎不知其岁月，盘空绿云翁栟栟。不火宁同枫柏焚，非材更谊斧斤伐。与云霞护鹿豕游，凤为羽仪龙作骨。我每笋舆憩其下，飒沓清籁爽毛发。"帝王也发现老栎树的生态功能，并有此雅兴，长诗歌咏。

🪴 **欣赏应用**

辽东栎树体高大，叶绿色，秋叶红艳，为秋色叶类红（紫）色叶彩叶树种，是营造防风林、水源涵养林的优良树种；园林中孤植、丛植或与其他树木混交成林均可。

▲ 树形（秋色）

▲ 天然林秋色景观

▲ 叶片

▲ 叶枝（秋色）

12 榉 树 *Zelkova schneideriana*

科属 榆科 榉属　　**别名** 大叶榉

形态特征　落叶乔木，高达 25 m。树冠倒卵状伞形，小枝紫褐色。单叶互生，叶片卵状长椭圆形，先端尖，基部广楔形，叶缘锯齿整齐；叶面绿色，叶背浅绿色，秋叶变成古铜色至红色。花杂性，雌雄同株，雄花簇生于新枝下部的叶腋，雌花单生于上部的叶腋。坚果小，歪斜且有皱纹。花期 3～4 月；果期 10～11 月。

生态习性　产于我国华中、华南、西南地区。喜光，稍耐阴；喜温暖、湿润气候；适宜肥沃、湿润土壤。

繁殖方法　播种繁殖。

🪣 欣赏应用

榉树树形雄伟，姿态优美，叶色多变，春季翠绿带红，盛夏浓荫如盖，秋叶橙红烂漫，为秋色叶类红（紫）色叶彩叶树种。在园林中可孤植、丛植、列植；也可作行道树，宅旁、厂矿绿化和营造防风林。

▼ 叶枝

▼ 叶片（秋色）

▲ 林植秋色景观

▲ 树形（秋色）

季色叶彩叶植物

13 ｜ 细叶小檗 *Berberis poiretii*

科属　小檗科　小檗属

形态特征　落叶灌木，高 1～2 m。小枝紫褐色，具刺。单叶互生或簇生，叶片倒披针形，先端渐尖，基部窄楔形，全缘或中上部有锯齿；成叶绿色，秋叶变成橙红色。总状花序，花黄色。浆果卵球形，鲜红色。花期 5～6 月；果期 8～9 月。

生态习性　产于我国东北南部、华北等地区。喜光，耐旱，耐寒，不择土壤。

繁殖方法　播种、扦插繁殖。

欣赏应用

细叶小檗植株低矮，成叶绿色，秋叶红艳，果实亮红色，为秋色叶类红（紫）色叶彩叶树种。园林中宜植于庭院或作绿篱栽培观赏。

▲ 叶枝（秋色）

▲ 植株

▲ 果序枝

14　日本小檗　*Berberis thunbergii*

科属　小檗科　小檗属　　　　**别名**　小檗

形态特征　落叶灌木，高 1.5～3 m。单叶互生或簇生，叶片倒卵形或匙形，先端钝尖，全缘；叶表面暗绿色，背面灰绿色，秋叶变成红色。伞形花序近簇生，常具花 2～5 朵，浅黄色。浆果椭圆形，熟时亮红色。花期 5 月；果期 9 月。

生态习性　原产于日本。我国各地多栽培。喜光，稍耐阴；稍耐寒，较耐旱；适宜肥沃、排水较好的土壤。

繁殖方法　播种、扦插、压条繁殖。

🖌 欣赏应用

日本小檗春季开黄花，叶绿色，秋叶红色，果也红艳美丽，为秋色叶类红（紫）色叶彩叶树种。园林中可丛植或作绿篱栽培观赏。

◀ 花枝

▲ 植株

▲ 丛植秋色景观

◀ 叶枝（秋色）

季色叶彩叶植物

15 | 南天竹 *Nandina domestica*

科属　小檗科　南天竹属

形态特征　常绿灌木，高达 2 m。二至三回羽状复叶对生，小叶椭圆状披针形，先端渐尖，基部楔形，全缘；新叶红艳，成叶深绿色，秋冬季叶变成紫红色至红色。圆锥花序顶生，花白色。浆果球形，鲜红色。花期 5～7 月；果期 9～10 月。

生态习性　产于我国和日本。长江流域广为栽培。喜温暖、湿润气候；适宜肥沃、湿润、排水良好的土壤。

繁殖方法　播种、扦插、分株繁殖。

花　絮　[宋]·杨巽斋《南天竹》："花发朱明雨后天，结成红颗更轻圆，人间热恼谁医得，正要清香净业缘。"描述了其特有的风采及药用价值。

　　花语为长寿，我的爱有增无减。

🪴 欣赏应用

南天竹茎干丛生，枝叶扶疏，秋季叶色变红，累累红果，经久不落，为赏秋叶、观红果的秋色叶类红（紫）色叶彩叶树种。园林中宜栽植于庭院、草地边缘或园路转角处，或作地被植物成片种植；也可盆栽观赏。

▲ 植株

▲ 叶枝（秋色）

▲ 果序枝

▲ 绿篱秋色景观

16 刺梨 *Ribes burejense*

科属 虎耳草科　茶藨子属　　**别名** 刺果茶藨子

形态特征 落叶灌木，高达 1.5 m。单叶互生或簇生，叶片近圆形，掌状 3～5 深裂，先端突尖，基部心形，叶缘具圆状锯齿；成叶绿色，秋叶变成橙黄色。花两性，单生或 1～2 朵簇生叶腋，淡粉红色。浆果圆形，成熟后紫黑色。花期 5～6 月；果期 7～8 月。

生态习性 产于我国东北、华北、陕西等地。喜光，喜水湿，不择土壤。

繁殖方法 播种、分株繁殖。

🖌 欣赏应用

刺梨叶绿色，秋叶橙黄色，为秋色叶类红（紫）色叶彩叶树种。园林中可丛植或作绿篱栽培观赏。

▲ 叶枝

▲ 叶枝（秋色）

▲ 果枝

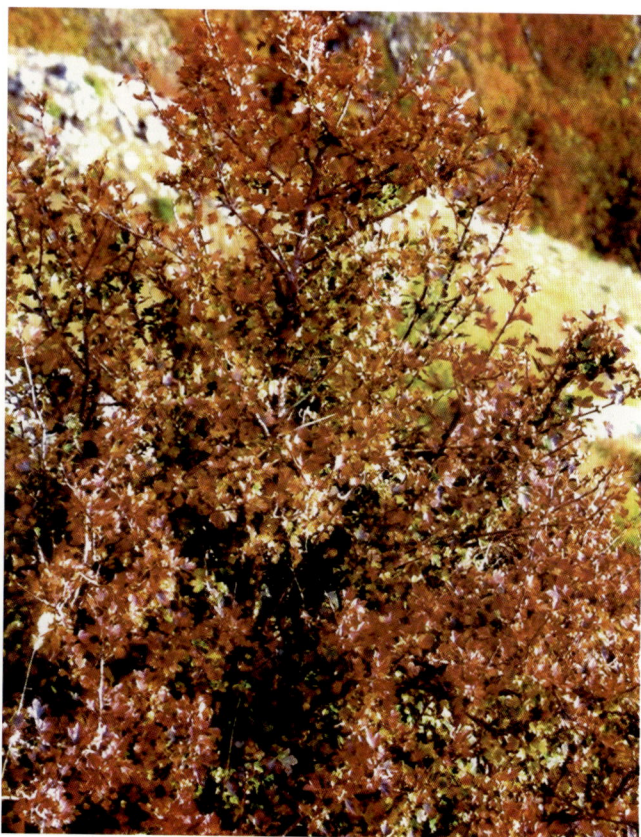
▲ 植株（秋色）

季色叶彩叶植物

17 | 山 桃 *Prunus davidiana*

科属 蔷薇科 桃属

形态特征 落叶小乔木，高达 10 m。单叶互生，叶片长卵状披针形，先端长渐尖，基部宽楔形，叶缘具细锐锯齿；成叶绿色，秋叶变成红褐色。花单生，先叶开放，粉红色或白色。核果近球形，淡黄色。花期 3~4 月；果期 7~8 月。

生态习性 产于我国西南等地区。喜光，耐寒；耐旱，较耐盐碱，忌水湿；适宜山坡、平地沙质或黏质土壤。

繁殖方法 播种、嫁接繁殖。

🪣 **欣赏应用**

山桃花期早，色艳丽，成叶绿色，秋叶红艳，为秋色叶类红（紫）色叶彩叶树种。常作园林绿化树种及荒山造林树种。

▲ 树形（秋色）

▲ 树形

▲ 天然林秋色景观

18 榆叶梅 *Prunus triloba*

科属 蔷薇科 桃属

形态特征 落叶灌木，高 2～3 m。单叶互生，叶片倒卵状椭圆形，先端渐尖或尾尖，常 3 裂，基部宽楔形，叶缘具粗重锯齿；成叶绿色，秋叶变成红紫色。花 1～2 朵着生于去年生枝侧，先叶开放，花粉红色，有单瓣重瓣之分。核果近球形，熟时红色。花期 3～4 月；果期 5～6 月。

生态习性 产于我国东北、华北、南至江苏、浙江等地；各地多栽培。喜光，耐寒；耐轻盐碱，不耐水涝；对土壤要求不严格。

繁殖方法 播种、分蘖、嫁接繁殖。

欣赏应用

榆叶梅春花艳丽，果熟时红果累累，秋叶红艳，为花、叶、果俱佳的秋色叶类红（紫）色叶彩叶树种。园林中多孤植、丛植或作花篱；也可盆栽观赏或作切花材料。

▲ 果枝

▲ 叶枝（秋色）

▲ 植株

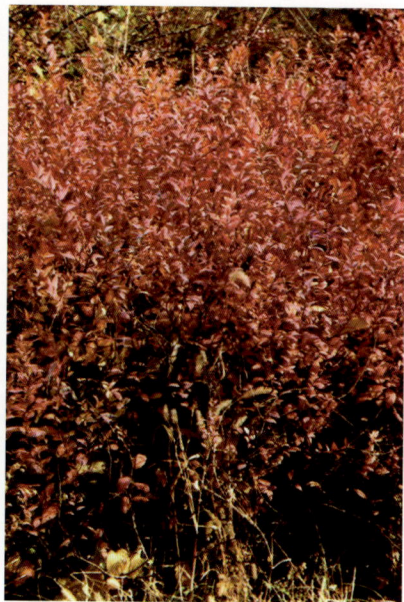
▲ 植株（秋色）

季色叶彩叶植物

19　山　杏　*Prunus sibirica*

科属　蔷薇科　杏属

形态特征　落叶小乔木，有时呈灌木状，高 3～5 m。单叶互生，叶片卵圆形或近扁圆形，先端渐尖或尾尖，基部楔形，叶缘具圆钝锯齿；成叶绿色，秋叶变成橙黄至橙红色。花单生，先叶开放，白色或粉红色。核果球形，黄色。花期 3～4 月；果期 6～7 月。

生态习性　产于我国东北、华北地区，多生于海拔 300～1800 m 的向阳坡地及灌丛。喜光，耐寒性强；耐干旱瘠薄。

繁殖方法　播种、根蘖繁殖。

欣赏应用

山杏树势强健，春花繁密，夏果黄橙，秋叶红艳，为秋色叶类红（紫）色叶彩叶树种。园林中常孤植、丛植、群植栽培观赏；也是沙荒地和护坡的造林树种。

▲ 树形

▲ 树形（秋色）

▲ 天然林秋色景观

20 杏 *Prunus armeniaca*

科属 蔷薇科 杏属

形态特征 落叶乔木，高达 10 m。单叶互生，叶片卵圆形或卵状椭圆形，先端急尖至短渐尖，基部圆形或广楔形，叶缘具钝锯齿；成叶绿色，秋叶变成橙黄至紫红色。花单生，先叶开放，白色或浅粉红色。核果球形，成熟时黄白或黄红色。花期 3～4 月；果期 6～7 月。

生态习性 产于我国东北、华北、西北、西南、长江中下游各地，各地广为栽培。喜光，耐寒；耐旱，抗盐碱，不耐涝；适宜肥沃、排水良好的沙壤土。

繁殖方法 播种、嫁接繁殖。

花 絮 据传，三国时期，名医董奉隐居山中，为人治病不受分文，对治愈的人只求为其栽几棵杏树，数年后蔚然成林。后世用"杏林春暖""誉满杏林"称颂医家。"杏林"成为中医的代名词。

▲ 树形

果枝 ▶

🪣 **欣赏应用**

杏早春开花，繁茂美观，夏季黄果累累，秋叶红艳，为秋色叶类红（紫）色彩叶树种。园林中可孤植、丛植、群植或规则式栽植成杏园；也是防风固沙、荒山造林树种。

季色叶彩叶植物

▲ 群植秋色景观

21 | 欧 李 *Prunus humilis*

科属 蔷薇科 樱属

形态特征 落叶灌木,高达1.5 m。单叶互生,叶片倒披针形,先端急尖或钝,基部楔形,叶缘有细锯齿;成叶绿色,秋叶变成紫红色。花单生或2~4朵生于叶腋,花白色或粉红色。核果扁球形,熟时鲜红色。花期4~5月;果期7~8月。

生态习性 产于我国东北、华北、华东等地区。多生于向阳山坡、石隙及路边。喜光,耐寒,耐旱;适宜肥沃、湿润土壤。

繁殖方法 播种、根蘖繁殖。

欣赏应用

欧李花、果、叶俱美,为秋色叶类红(紫)色叶彩叶树种。适宜庭园栽培观赏。

▲ 植株

▲ 果枝

▲ 植株(秋色)

22 郁 李 *Prunus japonica*

科属 蔷薇科 樱属

形态特征 落叶灌木，高达 1.5 m。单叶互生，叶片卵形或卵状长椭圆形，先端渐尖或尾尖，基部圆形，叶缘有尖锐重锯齿；成叶绿色，秋叶变成橙红色。花单生或 2～3 朵簇生，粉红色或近白色。核果近球形，熟时深红色。花期 4～5 月；果期 7～8 月。

生态习性 产于我国东北、华北、华中至华南等地。喜光，耐寒，耐旱，较耐水湿，不择土壤。

繁殖方法 播种、分株、嫁接繁殖。

欣赏应用

郁李早春花朵繁密，夏季红果累累，秋季叶色红艳，为秋色叶类红（紫）色叶彩叶树种。可作观赏树种、孤植、丛植于庭园；或作绿篱栽培观赏。

▲ 植株

▲ 植株（秋色）

▲ 丛植秋色景观

◀ 叶枝（秋色）

◀ 果枝

季色叶彩叶植物

23 ｜ 灰 栒 子　*Cotoneaster acutifolius*

科属　蔷薇科　栒子属

形态特征　落叶灌木，高 2～3 m。单叶互生，叶片卵状椭圆形，先端渐尖，基部宽楔形，全缘；成叶深绿色，秋叶变成橙红色。花 2～5 朵成聚伞花序，花浅粉至白色。梨果椭圆形，黑色。花期 5～6 月；果期 9～10 月。

生态习性　产于我国华北、西北、华中等地。喜光，稍耐阴；耐寒，耐旱；对土壤要求不严格。

繁殖方法　播种、扦插繁殖。

欣赏应用

灰栒子枝叶繁茂，花果美丽，秋叶红艳，为秋色叶类红（紫）色叶彩叶树种，是我国北方干冷地区优良的庭院绿化及水土保持树种。

▲ 叶枝（秋色）

▲ 果枝

▲ 丛植秋色景观

24 | 平枝枸子　*Cotoneaster horizontalis*

科属　蔷薇科　枸子属　　**别名**　铺地蜈蚣

形态特征　落叶或半常绿匍匐灌木，高达 0.5 m。单叶互生，厚革质，叶片近圆形或宽椭圆形，先端圆钝，基部宽楔形，全缘；成叶深绿色，秋叶变成紫红色。花小，单生或 2 朵并生，粉红色。梨果近球形，鲜红色。花期 5～6 月；果期 9～10 月。

生态习性　产于我国西北、西南、华中地区；华北普遍栽培。喜光，稍耐阴，耐寒；对土壤要求不严格。

繁殖方法　播种、扦插繁殖。

欣赏应用

平枝枸子春季花满枝头，晚秋时叶色红艳，红果累累，为花、叶、果俱佳的秋色叶类红（紫）色叶彩叶树种，是布置岩石园、庭园、绿地和墙沿、角隅的优良材料；也可制作盆景；果枝可用于插花。

▲ 植株

▲ 绿篱秋色景观

◀ 叶枝（秋色）

◀ 花枝

季色叶彩叶植物

25 | 山 楂 *Crataegus pinnatifida*

科属 蔷薇科 山楂属

形态特征 落叶小乔木或呈灌木状，高达 8 m。单叶互生，叶片宽卵形、三角状卵形，先端短渐尖，基部平截或宽楔形，3～5 羽状深裂，裂片具稀疏不规则尖重锯齿；成叶绿色，秋叶变成橙红色。伞房花序顶生，花白色。果近球形或梨形，熟时深红色。花期 5～6 月；果期 9～10 月。

生态习性 产于我国东北、华北至华东等地。喜光，耐寒，喜冷凉干燥环境；适宜深厚、排水良好的土壤。

繁殖方法 播种、分株繁殖。

🪣 欣赏应用

山楂枝叶繁茂，白花红果，秋叶红艳，为秋色叶类红（紫）色叶彩叶树种。常用作庭园绿化及观赏树种。

▲ 叶片（秋色）　　　▲ 果枝

▲ 树形

▲ 树形（秋色）

26 山荆子 *Malus baccata*

科属 蔷薇科 苹果属 　　**别名** 山定子

形态特征 落叶乔木，高达 14 m。单叶互生，叶片卵状椭圆形，先端渐尖，基部楔形至近圆形，叶缘有细锐锯齿；新叶浅绿，成叶深绿色，秋叶变成橙红色。伞形花序，花白色或淡粉红色。梨果近球形，亮红色或黄色。花期 4～6 月；果期 9～10 月。

生态习性 产于我国东北、华北、西北地区。喜光，耐寒，耐干旱瘠薄。

繁殖方法 播种、扦插、压条繁殖。

🪣 欣赏应用

山荆子树姿美观，春天白花满树，秋季红果累累，秋叶红艳，经久不凋，为秋色叶类红(紫)色叶彩叶树种。园林中可孤植、丛植、片植，或植于庭院、草坪、花坛中栽培观赏。

▼ 叶枝（秋色）

▼ 果枝

▲ 树形

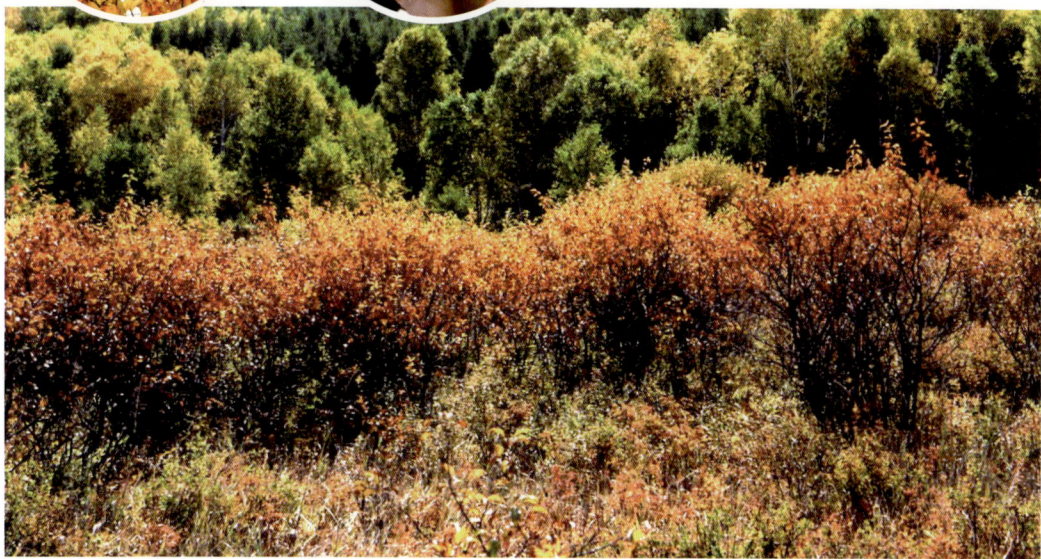
▲ 天然林秋色景观

27 稠李 *Padus racemosa*

科属 蔷薇科 稠李属

形态特征 落叶乔木，高达 15 m。单叶互生，叶片卵状长椭圆形至倒卵形，先端渐尖，基部圆形或近心形，叶缘有细尖锯齿；成叶深绿色，秋叶变成红褐色。总状花序，花白色，有清香。核果球形至卵球形，成熟时紫黑色。花期 5～6 月；果期 8～9 月。

生态习性 产于我国东北、华北、西北等地区。喜光，稍耐阴，耐寒；适宜肥沃、湿润的砂质壤土。

繁殖方法 播种、扦插繁殖。

🪣 欣赏应用

稠李花序长而美丽，嫩叶鲜绿，秋季叶红褐色，串串黑果，是叶、花、果俱美的秋色叶类红（紫）色彩叶树种。园林中可孤植、丛植、群植、片植，或修剪成大型彩篱；也可作行道树、风景树栽培观赏。

▲ 树形

◀ 叶枝（秋色）

▲ 丛植秋色景观

◀ 果序枝

28 刺玫蔷薇 *Rosa davurica*

科属 蔷薇科 蔷薇属

形态特征 落叶灌木，高达 2 m。奇数羽状复叶互生，小叶 5～7 枚，长圆形或长椭圆形，先端急尖或稍钝，基部圆形或宽楔形，叶缘中部以上有细锯齿；成叶绿色，秋叶变为橙黄色。花单生或 2～3 朵簇生，粉红色。蔷薇果球形，红色。花期 6～7 月；果期 8～9 月。

生态习性 产于我国东北、华北地区。喜光，稍耐阴，耐寒，不择土壤。

繁殖方法 播种繁殖。

欣赏应用

刺玫蔷薇叶、花、果俱美，为秋色叶类红（紫）色叶彩叶树种。可植于庭园栽培观赏。

▲ 植株

▲ 花枝

▲ 叶枝（秋色）

▲ 天然林秋色景观

季色叶彩叶植物

29　牛迭肚　*Rubus crataegifolius*

科属　蔷薇科　悬钩子属　　　**别名**　山楂叶悬钩子

形态特征　落叶灌木，高2～3 m。单叶互生，叶片卵圆形，3～5掌状裂片，先端渐尖，基部心形或平截，叶缘有不规则锯齿；成叶绿色，秋叶变成紫红色。总状伞房花序，花白色。聚合果近球形，红色。花期6～7月；果期8～9月。

生态习性　产于我国东北、华北地区。喜光，耐寒，不耐水湿。

繁殖方法　分根、分蘖繁殖。

欣赏应用

牛迭肚春季白花点点，夏季红果累累，秋季叶色红艳，为秋色叶类红（紫）色叶彩叶树种。可植于庭园观赏或作绿篱。

▲ 植株

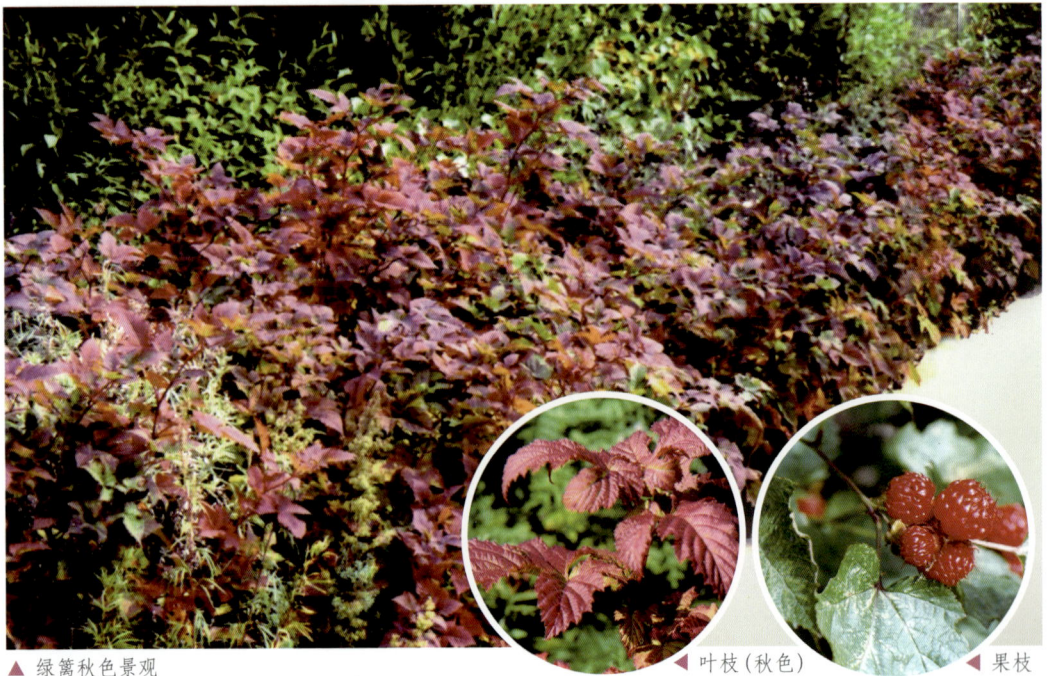
▲ 绿篱秋色景观　　　　◀ 叶枝（秋色）　　◀ 果枝

30　水榆花楸　*Sorbus alnifolia*

科属　蔷薇科　花楸属　　　**别名**　水榆

形态特征　落叶乔木，高达 20 m。单叶互生，叶片卵形至椭圆状卵形，先端短渐尖，基部宽楔形至圆形，叶缘具重锯齿；成叶深绿色，秋叶变成金黄或红色。复伞房花序，花白色。梨果椭圆形或卵形，红色或黄色。花期 5 月；果期 8～9 月。

生态习性　产于我国东北、华北及西北地区。喜湿润气候，较耐阴，耐寒，亦耐旱；适宜深厚、湿润、排水良好的土壤。

繁殖方法　播种繁殖。

🌿 欣赏应用

水榆花楸树体高大，叶形美观，秋叶先黄后红，果实累累，红黄相间，十分美观，为秋色叶类红（紫）色叶彩叶树种。适宜群植于山岭形成风景林；也可作公园及庭院的风景树。

▲ 叶枝（秋色）

▲ 果序枝

▲ 树形

▲ 树形（秋色）

季色叶彩叶植物

31 北京花楸 *Sorbus discolor*

科属 蔷薇科 花楸属　　　　**别名** 白果花楸

形态特征　落叶乔木，高达 10 m。奇数羽状复叶互生，小叶 11～15 枚，叶长椭圆形至披针形，先端渐尖或急尖，基部圆形，偏斜，叶基部全缘，上半部具细锐锯齿；成叶绿色，秋叶变成紫红色。复伞房花序，花白色。梨果卵形，白色或黄色。花期 5 月；果期 8～9 月。

生态习性　产于我国华北等地区。生于海拔 1500～2500 m 山地阔叶混交林中。

繁殖方法　播种繁殖。

欣赏应用

北京花楸枝叶秀丽，盛花时白花满树，秋后果实累累，叶色红艳，为秋色叶类红（紫）色彩叶树种。宜植于庭院及园林绿地栽培观赏。

▲ 树形（秋色）

▲ 天然林秋色景观　　　◀ 果枝　　◀ 叶枝（秋色）

32 | 花 楸 树 *Sorbus pohuashanensis*

科属　蔷薇科　花楸属　　　**别名**　百花花楸

形态特征　落叶小乔木，高达 8 m。奇数羽状复叶互生，小叶 11～15 枚，卵状披针形或矩圆状披针形，先端短尖，基部楔形或圆形，叶缘上半部具尖锐锯齿，下部全缘；新叶浅绿色，成叶深绿色，秋叶变成红色。复伞房花序顶生，花白色。梨果近球形，红色。花期6月；果期 9～10 月。

生态习性　产于我国东北、华北等地。喜冷凉、湿润环境，耐阴，耐寒；适宜湿润酸性或微酸性土壤。

繁殖方法　播种繁殖。

🪣 欣赏应用

花楸树树形丰满，春夏满树银花，叶郁郁葱葱，秋果橘红，秋叶红艳，为秋色叶类红（紫）色叶彩叶树种。园林中适宜在庭院、四旁、公园等地孤植、丛植或作行道树；也可制作大型盆景。

▲ 树形

▲ 树形（秋色）

▲ 叶枝（秋色）

▲ 果序枝

▲ 天然林秋色景观

季色叶彩叶植物

33 | 乌 柏 *Sapium sebiferum*

科属 大戟科 乌柏属

形态特征 落叶乔木，高达 15 m。单叶互生，叶片菱状广卵形，先端尾状长渐尖，基部广楔形，全缘；新叶红绿交替，夏浅绿至深红，秋叶变成橙红色。穗状花序顶生，花小，黄绿色。蒴果三棱状球形，熟时黑色。花期 5～7 月；果期 10～11 月。

生态习性 产于我国华中、华南、西南地区。喜光，喜温暖气候，耐水湿；适宜深厚、肥沃而水分丰富的土壤。

繁殖方法 播种、扦插繁殖。

▲ 叶枝（秋色）

▲ 树形（秋色）

🪣 欣赏应用

乌柏树冠整齐，叶形秀丽，秋叶红艳可爱，为秋色叶类红（紫）色叶彩叶树种。园林中栽植于水边、池畔、坡谷草坪都很美观；也可作庭荫树及行道树。

▲ 树形

▲ 果序枝

34 黄 栌 *Cotinus coggygria* var. *cinerea*

科属 漆树科　黄栌属　　**别名** 红叶

形态特征　落叶灌木或小乔木，高 5～8 m。单叶互生，叶片卵圆形至倒卵形，先端圆或微凹，全缘；成叶浓绿色，秋叶变成紫红色。圆锥花序顶生，花小，黄色。核果肾形。花期 4～5 月；果期 6～7 月。

生态习性　产于我国华北、华中等地。喜光，耐半阴；耐干旱瘠薄，不耐水湿，对土壤要求不严格。

繁殖方法　播种、压条、根插、分株繁殖。

🪣 欣赏应用

黄栌初夏季节果序犹如烟雾缭绕，秋季叶色变红，叶形优美，鲜艳夺目，为秋色叶类红（紫）色彩叶树种。园林中可孤植、丛植、群植于草坪、土丘、山坡等处，形成纯林或混交林；也可作荒山造林的先锋树种。

▲ 叶片

▲ 叶片（秋色）

▲ 树形

▲ 树形（秋色）

季色叶彩叶植物

35 黄连木 *Pistacia chinensis*

科属 漆树科 黄连木属　　　**别名** 楷木

形态特征 落叶乔木，高达 30 m。偶数羽状复叶互生，小叶 5～7 对，叶片卵状披针形，先端渐尖，基部偏斜，全缘；嫩叶紫红，成叶绿色，秋叶变成橙红或亮红色。花单性异株，无花瓣，雄花呈总状花序，雌花呈圆锥花序腋生。核果卵球形，成熟时红色或紫蓝色。花期 4～5 月；果期 7～9 月。

生态习性 产于我国黄河流域；华北有栽培。喜光，幼时稍耐阴，不耐寒；抗风、抗污染力强；适宜肥沃、湿润、排水良好的土壤。

繁殖方法 播种、扦插繁殖。

▲ 果序枝

欣赏应用

黄连木早春嫩叶紫红，红色的雌花序也极美观，秋叶红艳，为秋色叶类红（紫）色叶彩叶树种。适宜作庭荫树、行道树及风景树；也常作"四旁"绿化及低山区造林树种。

▼ 叶枝（秋色）

▲ 树形

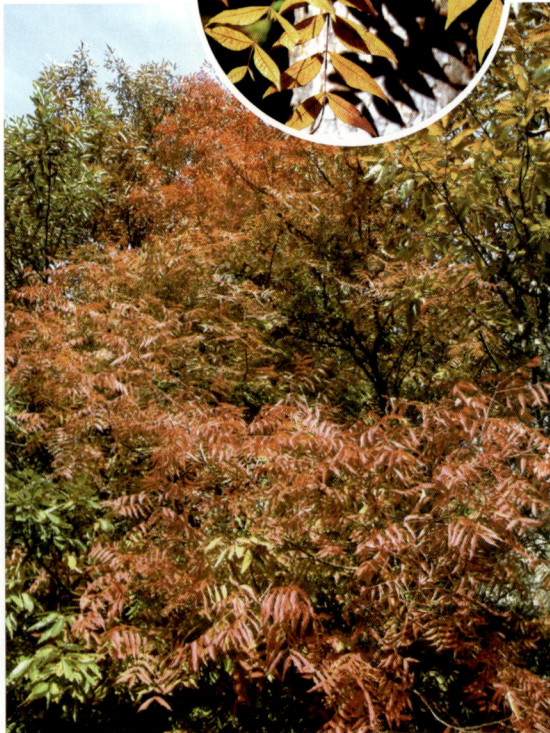
▲ 树形（秋色）

36 盐肤木 *Rhus chinensis*

科属 漆树科 盐肤木属　　**别名** 五倍子树

形态特征 落叶小乔木，高 2～10 m。奇数羽状复叶互生，小叶 7～13 枚，叶片卵形至卵状椭圆形，先端急尖，基部圆形或宽楔形，叶轴具窄翅，成叶绿色，秋叶变成红色。杂性同株，大型圆锥花序顶生，花小，黄白色。核果近扁球形，红色。花期 7～8 月；果期 10～11 月。

生态习性 产于我国东北南部、华北至华南、西南等省区。喜光，喜湿润气候，不耐严寒；耐干旱瘠薄。

繁殖方法 播种、分蘖、扦插、压条繁殖。

欣赏应用

盐肤木秋叶经霜后鲜红，缀以红紫色的果序，非常漂亮，为秋色叶类红（紫）色叶彩叶树种。园林中宜群植，以壮秋色，也可与常绿阔叶树种配置。

▲ 树形

▲ 天然林秋色景观

◀ 叶片

◀ 花序枝

季色叶彩叶植物

37 | 火炬树 *Rhus typhina*

科属　漆树科　盐肤木属　　　**别名**　鹿角漆

形态特征　落叶小乔木，高达 10 m。奇数羽状复叶互生，小叶 11～31 枚，叶片长椭圆状披针形，先端渐尖或尾尖，基部宽楔形，叶缘具锯齿；成叶绿色，秋色叶变红褐色。雌雄异株，圆锥花序顶生，花小，淡绿色。核果密集成圆锥状火炬形，红色。花期 6～8 月；果期 9～10 月。

生态习性　原产于北美洲。我国华北、西北、华中等地引种栽培。喜光，耐寒，耐旱，耐盐碱。

繁殖方法　播种、分蘖、埋根繁殖。

🪣 **欣赏应用**

火炬树果序鲜红色，因形似火炬而得名。即使在冬季落叶后，"火炬"仍宿存，颇为奇特，秋季叶色红艳，为著名的秋色叶类红（紫）色叶彩叶树种。在园林中可丛植、片植或点缀山林秋色；也可用作荒山绿化或水土保持树种。

▲ 花序枝

▲ 树形

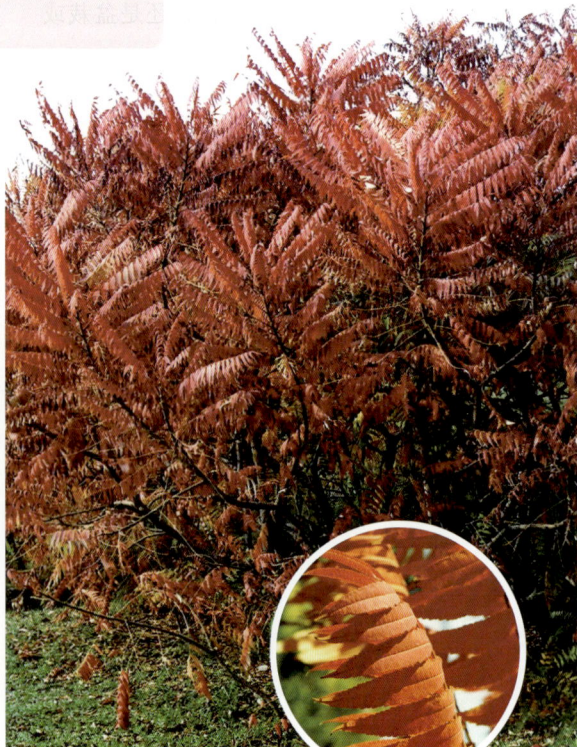
▲ 树形（秋色）　　◀ 叶片（秋色）

38 卫 矛 *Euonymus alatus*

科属 卫矛科 卫矛属 　　**别名** 鬼箭羽

形态特征 落叶灌木，高 1～3 m。单叶对生，叶片倒卵状椭圆形，先端渐尖，基部楔形或近圆形，叶缘具细锯齿；新叶浅紫红色，成叶绿色，秋叶变成紫红色。聚伞花序腋生，花浅绿色。蒴果紫色。花期 4～5 月；果期 9～10 月。

生态习性 产于我国东北南部、华北、西北地区。喜光，稍耐阴；对气候适应性强，耐干旱、耐寒；在中性、酸性及石灰性土壤上均能生长。

繁殖方法 播种、插条、分株繁殖。

💧 欣赏应用

卫矛木栓翅奇特，早春嫩叶及秋叶紫红色，十分艳丽，落叶后紫色小果悬垂枝间，颇为美观，为优良的秋色叶类红（紫）色叶彩叶树种。园林中孤植或丛植于草坪、斜坡、水边，或于山石间、亭廊边配置，也可作绿篱；还是盆栽或盆景的好材料。

▲ 植株

▲ 植株（秋色）　　　　　　　◀ 叶枝（秋色）

季色叶彩叶植物

39 丝棉木 *Euonymus bungeanus*

科属 卫矛科 卫矛属　　　**别名** 白杜

形态特征 落叶小乔木，高达8m。单叶对生，叶片卵状椭圆形，先端长锐尖，基部宽楔形或近圆形，叶缘有细锯齿；成叶绿色，秋叶变成暗红至深红色。聚伞花序腋生，花淡绿色。蒴果倒卵心形，粉红色，假种皮橘红色。花期5～6月；果期9～10月。

生态习性 产于我国东北、华北、西北等地。喜光，耐阴；耐寒，耐干旱，也耐水湿；对土壤要求不严格。

繁殖方法 播种、分株、扦插繁殖。

▲ 树形

🪣 欣赏应用

丝棉木枝叶繁茂，树姿优美，蒴果粉红，显露出橘红色假种皮，犹如美丽的鲜花绽放枝头，甚为美观，为优良的秋色叶类红（紫）色叶彩叶树种。适宜孤植或列植于草坪、路旁林缘、湖畔等处；也可作防护林及工厂绿化树种。

▲ 树形（秋色）

▲ 叶枝（秋色）

▲ 果序枝

40 ｜ 三角枫 *Acer buergerianum*

科属　槭树科　槭属　　　　**别名**　三角槭

形态特征　落叶乔木，高达 20 m。单叶对生，叶片卵形至倒卵形，先端常 3 裂，裂片向前延伸，三角形，先端渐尖，基部近圆形或楔形，全缘；成叶绿色，秋叶变成暗红色。伞房花序顶生，花淡黄色。花期 4～5 月；果期 8～9 月。

生态习性　产于我国长江中下游地区，北到山东；华北等地有栽培。喜温暖、湿润气候，稍耐阴，较耐水湿；适宜深厚、湿润、肥沃、排水良好的土壤。

繁殖方法　播种繁殖。

叶枝 ▶

◀ 叶枝
（秋色）

▲ 树形（秋色）

▲ 列植秋色景观

季色叶彩叶植物

欣赏应用

三角枫树姿优雅，夏季浓荫覆盖，秋叶红艳，为秋色叶类红（紫）色叶彩叶树种。适宜作庭荫树、行道树及护岸树种；也可丛植于草坪和湖边，形成壮观秋景；还可制成盆景，主干扭曲隆起，颇为奇特。

◀ 树形　　　　◀ 花序枝　　　◀ 果序枝

41 茶条槭 *Acer ginnala*

科属 槭树科 槭属

形态特征 落叶小乔木，高4～6 m。单叶对生，叶片卵状椭圆形，常3～5裂或不裂，中裂片大，先端渐尖，基部圆形，叶缘具重锯齿；成叶绿色，秋叶变成红色。花杂性同株，伞房花序顶生，花白色。翅果，果翅张开成锐角或近于平角，紫红色。花期5～6月；果期9月。

生态习性 产于我国东北、华北地区。喜弱光，耐半阴，耐寒；对土壤要求不严格。

繁殖方法 播种繁殖。

欣赏应用

茶条槭花芳香，秋叶红艳，翅果缀于枝头，微风吹过，犹如一只美丽的蝴蝶翩翩起舞，美丽壮观，为秋色叶类红（紫）色叶彩叶树种，是优良的庭荫树，也可作绿篱、行道树。

▲ 植株

◀ 叶片（秋色）

▲ 丛植秋色景观

◀ 果序枝

季色叶彩叶植物

42 血皮槭 *Acer griseum*

科属　槭树科　槭属

形态特征　落叶乔木，高 10～20 m。复叶具 3 小叶，叶片长椭圆形，先端钝，基部常歪斜，叶缘具不对称的粗锯齿；成叶绿色，秋叶变成橙红色。聚伞花序常仅具 3 花，花淡黄色。翅果，翅成锐角或近直角。花期 4 月；果期 9 月。

生态习性　产于我国中、西部地区；现华北及以南至长江流域有栽培。喜弱光，耐半阴，耐寒，不耐热；适宜肥沃、排水良好的酸性土壤。

繁殖方法　播种繁殖。

▼ 树形

叶片

▲ 树形（秋色）

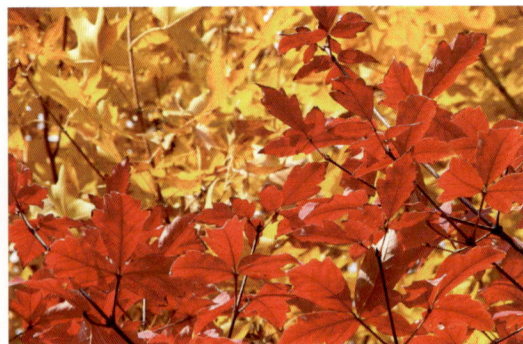

▲ 叶枝（秋色）

欣赏应用

血皮槭叶片春、夏季为绿色，叶脉、叶柄及新梢为红色，秋叶红艳，树皮红色，极具观赏价值，为秋色叶类红（紫）色叶彩叶树种。适宜孤植、群植或与其他树种配置。

43 羽扇槭 *Acer japonicum*

科属 槭树科 槭属　　**别名** 日本槭

形态特征 落叶小乔木，高达3m。单叶对生，叶掌状7~11裂，叶深裂达基部，裂片先端渐尖，基部心脏形；成叶淡绿色，秋叶变成红色。花杂性，雄花与两性花同株，伞房花序顶生，花瓣白色。翅果嫩时紫色，成熟时淡黄绿色，翅略内弯，张开成钝角。花期5月；果期9月。

生态习性 原产于日本。我国华北、华东等地有栽培。喜光，耐半阴；喜温暖、湿润环境；适宜排水良好的土壤。

繁殖方法 播种繁殖。

🪣 欣赏应用

羽扇槭花果美丽，秋叶深红色，为极优美的秋色叶类红（紫）色叶彩叶树种。适宜园林绿地及庭院栽培观赏；也可盆栽或制作盆景。

▲ 叶片

▲ 叶片（秋色）

▲ 秋色景观

▲ 树形（秋色）

季色叶彩叶植物

44 | 色木槭 *Acer mono*

科属 槭树科 槭属　　**别名** 五角枫

形态特征　落叶乔木，高达 20 m。单叶对生，掌状 5 裂，先端尾状锐尖，基部为心形，裂片卵状三角形，全缘；成叶绿色，秋叶变成红色或黄色。花杂性同株，伞房花序顶生，黄绿色。翅果扁平，两翅展开约成钝角。花期 4～5 月；果期 9～10 月。

生态习性　产于我国东北、华北至长江流域。稍耐阴；喜温暖、湿润气候；对土壤要求不严格。

繁殖方法　播种繁殖。

欣赏应用

色木槭树姿优美，枝叶扶疏，花果美丽，秋季红叶翩翩，为秋色叶类红（紫）色叶彩叶树种。宜作庭荫树、行道树或防护林；也可在园林中作风景树配置。

▲ 树形

▲ 树形（秋色）

▲ 花枝

▲ 叶片（秋色）

▲ 丛植秋色景观

45 鸡爪槭 *Acer palmatum*

科属 槭树科 槭属　　**别名** 青枫

形态特征　落叶灌木或小乔木，高达 7 m。单叶对生，叶掌状 7～9 深裂，叶片卵状披针形，先端尾尖，基部心形，叶缘有不整齐锐锯齿；叶片春夏绿色，秋叶变成红色。花杂性，雄花和两性花同株，伞房花序顶生，花紫色。翅果幼时紫红色，熟时淡棕黄色。花期 4～5 月；果期 9～10 月。

生态习性　产于我国；东北南部及以南地区广泛栽培。喜光，稍耐阴；喜温暖、湿润环境，较耐寒；适宜湿润、肥沃土壤。

繁殖方法　播种、插条、嫁接繁殖。

🪣 欣赏应用

鸡爪槭树姿优美，叶形秀丽，秋叶红艳，为秋色叶类红（紫）色叶彩叶树种。园林中可植于草坪、溪边及池畔，或于墙隅、亭际及山石间点缀，均有自然淡雅之趣；也可制作盆景或切花。

▲ 树形（春色）

▲ 丛植秋色景观

▲ 果序枝

▲ 叶枝（秋色）

季色叶彩叶植物

46　拧筋槭　*Acer triflorum*

科属　槭树科　槭属　　　　**别名**　三花槭

形态特征　落叶乔木，高达 25 m。三出复叶，小叶长卵圆至长圆状披针形，先端锐尖，基部楔形，叶缘有钝锯齿；叶面绿色，背面黄绿色，秋叶变成橙红色。伞房花序，杂性异株，花小，黄绿色。翅果，两果翅张开成锐角或近直角。花期 4 月；果期 9 月。

▲ 树形

生态习性　产于我国东北地区；华北等地有栽培。稍耐阴，耐寒；适宜湿润、肥沃土壤。

繁殖方法　播种繁殖。

欣赏应用

拧筋槭成叶绿色，秋叶橙红，鲜艳夺目，为秋色叶类红（紫）色叶彩叶树种。适宜作行道树及庭院、绿地的观赏树种。

▲ 树形（秋色）

▲ 叶枝

▲ 叶片（秋色）

47　华北五角枫　*Acer truncatum*

科属　槭树科　槭属　　　　**别名**　元宝枫　平基槭

形态特征　落叶乔木，高达 8～12 m。单叶对生，掌状 5 深裂，先端渐尖，基部截形，裂片全缘；新叶浅绿色，成叶深绿色，秋叶变成橙黄或红色。伞房花序顶生，花杂性，雄花与两性花同株，花黄至淡黄。翅果，两翅张开成直角或钝角，熟时淡褐色。花期 4～5 月；果期 9～10 月。

生态习性　产于我国东北、华北、华东地区；北方地区广泛栽培。喜光，喜半阴；耐寒，耐旱，忌水涝；适宜湿润、肥沃、排水良好的土壤。

繁殖方法　播种、扦插繁殖。

▲ 叶片

▲ 树形（秋色）

▲ 树形

▲ 叶片（秋色）

季色叶彩叶植物

欣赏应用

华北五角枫冠大荫浓,树姿优美,叶形秀丽,嫩叶微红色,秋叶红艳,为我国北方地区重要的秋色叶类红(紫)色叶彩叶树种。适宜作庭荫树、行道树,或营造风景林。

▼ 花枝

▼ 果枝

▲ 天然林秋色景观

48　紫　薇　*Lagerstroeimia indica*

科属　千屈菜科　紫薇属　　　　**别名**　百日红　痒痒树

形态特征　落叶灌木或小乔木，高达 7 m。单叶对生或互生，叶片卵圆形至倒卵状椭圆形，先端尖或钝，基部广楔形或圆形，全缘，叶柄短；叶绿色，新枝叶有时红色，秋叶红褐色。圆锥花序顶生，花有紫、红、白等色。蒴果近球形。花期 6～9 月；果期 10～11 月。

◀ 果序枝

生态习性　产于我国中南部地区；各地普遍栽培。喜光，稍耐阴；喜温暖、湿润环境，较耐旱，耐寒；喜肥沃、湿润、排水良好的石灰质土壤。

繁殖方法　播种、扦插、压条繁殖。

花　絮　紫薇从夏至秋花开不断，故名"百日红"。花语为沉迷于爱，圣洁，喜庆，喜悦，长寿。

◀ 花序枝

欣赏应用

紫薇树姿优美，花色鲜艳，幼叶及秋叶红艳，为秋色叶类红（紫）色叶彩叶树种。适宜园路、山石旁、庭院或小区栽培观赏；也可盆栽观赏或作盆景材料。

▲ 丛植秋色景观

季色叶彩叶植物

▲ 植株

叶枝 ▶

▲ 植株（秋色）

叶枝（秋色）▶

▲ 绿篱秋色景观

49 灯台树 *Bothrocaryum controversum*

科属　山茱萸科　灯台树属

形态特征　落叶乔木，高达20 m。单叶互生，叶片卵形至卵状椭圆形，先端突尖，基部宽楔形或近圆形，全缘；成叶表面深绿色，背面灰绿色，秋叶变成橙红色。伞房状聚伞花序顶生，花白色。核果球形，初为紫红色，成熟后变为蓝黑色。花期5~6月；果期8~10月。

生态习性　产于我国华北、西北、华南、西南地区。喜光，稍耐阴；喜温暖、湿润气候，也耐寒；适宜深厚、肥沃、排水良好的土壤。

繁殖方法　播种、扦插繁殖。

▲ 叶片

欣赏应用

灯台树冠形整齐，层次分明，初夏白花满树，秋季叶色橙红，为优良的秋色叶类红（紫）色叶彩叶树种。适宜孤植、丛植于庭园、草坪或作庭荫树、行道树栽培观赏。

◀ 树形

◀ 花序枝

季色叶彩叶植物

▲ 丛植秋色景观

▲ 树形（秋色）

▲ 群植景观

◀ 果序　　　　◀ 叶片（秋色）

50 红瑞木 *Swida alba*

科属 山茱萸科 梾木属

形态特征 落叶灌木，高达 3 m。枝条紫红色。单叶对生，叶片椭圆形，先端急尖，基部楔形至近圆形；成叶暗绿色，秋叶变成鲜红色。伞房状聚伞花序顶生，花白色或淡黄白色。核果长圆形，微扁，成熟时乳白色或蓝白色。花期 6～7 月；果期 8～10 月。

生态习性 产于我国东北、华北、西北地区。喜光，耐半阴；耐寒，耐湿；适宜湿润、肥沃、排水良好的土壤。

繁殖方法 播种、扦插、分株繁殖。

◀ 果序

欣赏应用

红瑞木枝条终年红色，花果洁白，秋叶红艳，为花、果、枝、叶俱美的秋色叶类红（紫）色叶彩叶树种。园林中多丛植于草坪、建筑前、池畔，与乔木相间种植，有红绿相映之效果；也可在路边作绿篱观赏。

季色叶彩叶植物

◀ 植株

▲ 植株（秋色）

▲ 叶枝

▲ 花序枝

▲ 绿篱秋色景观

◀ 叶枝（秋色）

51　沙　棣　*Swida bretschneideri*

科属　山茱萸科　梾木属

形态特征　落叶灌木或小乔木，高达6 m。单叶对生，叶片卵形至椭圆状卵形。先端突渐尖，基部宽楔形或近圆形，全缘；成叶绿色，秋叶变成紫红色。伞房状聚伞花序顶生，花白色。核果近球形，蓝黑至黑色。花期6～7月；果期8～9月。

生态习性　产于我国华北、西北等地。喜光，耐寒，耐旱；对土壤要求不严格。

繁殖方法　播种、扦插繁殖。

🪣 欣赏应用

沙棣白花繁茂，黑果累累，秋色叶红艳，为秋色叶类红（紫）色彩叶树种。园林中适宜丛植或作绿篱栽培观赏。

▲ 植株（秋色）

▲ 叶片（秋色）

▲ 果序

▲ 植株

季色叶彩叶植物

52 照山白 *Rhododendron micranthum*

科属 杜鹃花科 杜鹃花属　　　**别名** 照白杜鹃

形态特征 半常绿灌木，高 1～2 m。单叶互生，革质，叶片倒披针形，先端钝尖，基部窄楔形，全缘，略反卷；成叶深绿色，秋叶变成橙红色。总状花序顶生，花冠乳白色。蒴果长圆形，成熟后褐色。花期 5～6 月；果期 9 月。

生态习性 产于我国东北、华北、西北等地区。多生于海拔 1200～2500 m 的山坡、沟旁、疏林内或灌丛中，耐旱力强。

繁殖方法 播种、扦插繁殖。

欣赏应用

照山白枝条较细，花小色白，绮丽多姿，为秋色叶类红（紫）色叶彩叶树种。园林中宜在林缘、溪边、池畔及岩石旁成丛成片栽植；也可于疏林下散植，还是花篱的良好材料。

▲ 植株（秋色）

▲ 丛植秋色景观　　　◀ 叶枝（秋色）　　　◀ 花序枝

53 迎红杜鹃 *Rhododendron mucronulatum*

科属 杜鹃花科 杜鹃花属

形态特征 落叶灌木,高达2.5 m。单叶互生,叶片长椭圆状披针形,先端渐尖,基部楔形,全缘;成叶绿色,秋叶变成橙红色。花2~5朵簇生枝顶,先叶开放,花冠淡紫红色。蒴果圆锥形,褐色。花期3~4月;果期6~7月。

生态习性 产于我国东北、华北等地区。喜光,稍耐阴;喜湿润冷凉环境,耐寒,耐旱;适宜疏松、肥沃的微酸性土壤。

繁殖方法 播种、扦插、压条、分株繁殖。

欣赏应用

迎红杜鹃花早春开放,花期长而美丽,秋叶红艳,为秋色叶类红(紫)色叶彩叶树种。可植于庭园栽培观赏。

植株 ▶

▲ 叶片

▲ 叶片(秋色)

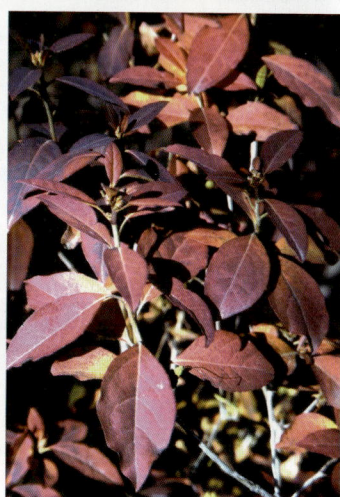

▲ 植株(秋色)

季色叶彩叶植物

54 柿 树 *Diospyros kaki*

科属 柿树科 柿属

形态特征 落叶乔木，高达15m。单叶互生，叶片阔椭圆形或椭圆状倒卵形，先端短渐尖，基部楔形或近圆形，全缘；成叶深绿色，秋叶变成紫红色。单性异株或杂性同株，雄花成短聚伞花序，雌花单生叶腋，花黄白色或近白色。浆果扁球形，熟时橙黄色。花期5～6月；果期9～10月。

生态习性 原产于我国长江流域至黄河流域；各地广为栽培。喜温暖、湿润环境，耐寒，耐旱，不耐水湿或盐碱；适宜中性黏壤土、沙壤土及黄土。

繁殖方法 嫁接繁殖。

🪴 欣赏应用

柿树树形优美，叶浓绿光亮，秋叶红艳，丹果累累，极为美观，观赏价值很高，为秋色叶类红（紫）色叶彩叶树种，是极好的园林结合生产的树种，既适宜城市园林，又适宜自然风景区中配置应用。

▲ 树形（秋色）

▲ 树形

▼ 叶片（秋色）

◀ 果枝

55 辽东水蜡　*Ligustrum obtusifolium*

科属　木犀科　女贞属　　　**别名**　水蜡树

形态特征　落叶灌木，高达3 m。单叶对生，叶片椭圆形，先端急尖或钝，基部楔形；成叶深绿色，秋叶变成橙红色。圆锥花序顶生，花白色。核果近球形，黑色稍被蜡质白粉。花期6～7月；果期8～9月。

生态习性　产于我国东北、华北、华东等地；喜光，较耐寒；适宜肥沃、湿润土壤。

繁殖方法　播种、扦插繁殖。

🪣 欣赏应用

辽东水蜡枝叶茂密，初夏白花满枝，秋季黑果累累，叶色橙黄，为秋色叶类红（紫）色叶彩叶树种。适宜草坪边缘、路边、楼前栽植，亦可作绿篱栽培观赏。

▲ 叶片（秋色）

▲ 植株（秋色）

▲ 丛植景观　　　　　　　◀ 花序

季色叶彩叶植物

56 紫丁香 *Syringa oblata*

科属　木犀科　丁香属　　　别名　华北紫丁香　丁香

形态特征　落叶灌木或小乔木，高达5 m。单叶对生，叶片卵圆形或宽卵形，先端渐尖，基部圆形、心形或截形，全缘；成叶绿色，秋叶变成橙黄至紫红色。圆锥花序顶生，花冠堇紫色，芳香。蒴果长圆形，平滑。花期4～5月；果期8～10月。

◀ 花序

生态习性　产于我国东北南部、华北、西北、西南地区；各地较普遍栽培。喜光，稍耐阴；耐寒性较强，耐干旱，忌低湿；适宜湿润、肥沃、排水良好的土壤。

繁殖方法　播种、扦插、分株、嫁接繁殖。

花　絮　紫丁香拥有"天国之花"的美称，因为它高贵的气味，自古就倍受珍视。

哈尔滨、呼和浩特、西宁市花。

🪣 **欣赏应用**

紫丁香枝叶茂密，花美而香，秋叶紫红，为秋色叶类红（紫）色叶彩叶树种。广泛用于庭院、机关、厂矿等绿化美化，常丛植于建筑物前，篱植于园路两旁、草坪之中；也可盆栽或作切花材料。

▲ 植株

▲ 植株（秋色）

▲ 绿篱秋色景观

57 蒙古荚蒾 *Viburnum mongolicum*

科属 忍冬科 荚蒾属

形态特征 落叶灌木，高达 2 m。单叶对生，叶片宽卵形至椭圆形，先端尖或钝，基部圆形或楔圆形，叶缘有波状浅齿；成叶绿色，秋叶变成紫红色。聚伞花序伞房状，花淡黄色或黄白色。核果椭圆形。花期 5～6 月；果期 8～9 月。

生态习性 产于我国东北、华北、西北地区。较耐阴，耐寒；对土壤要求不严格。

繁殖方法 播种繁殖。

🌿 欣赏应用

蒙古荚蒾叶、花、果俱美，为秋色叶类红（紫）色彩叶树种。园林中可丛植、片植或篱植栽培观赏。

▲ 叶片（秋色）

▲ 植株

▲ 花序

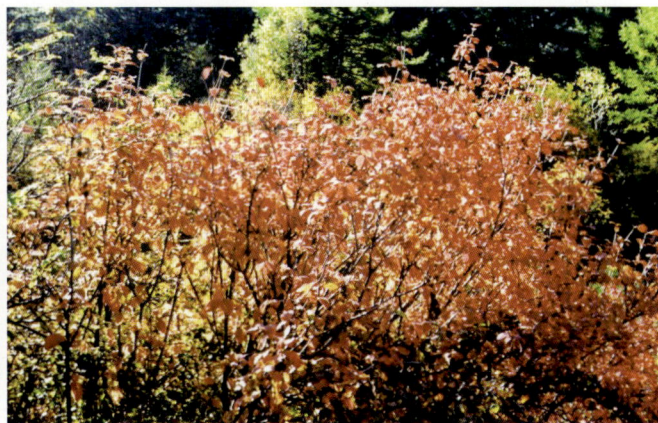
▲ 天然植被秋色景观

季色叶彩叶植物

58 欧洲荚蒾 *Viburnum opulus*

科属 忍冬科　荚蒾属　　　**别名** 欧洲绣球

形态特征　落叶乔木，高达4m。单叶对生，叶片近圆形，先端尖或钝，基部圆形、截形或浅心形，叶缘常3裂，裂片有不规则的粗齿；成叶绿色，秋叶变成紫红色。复伞形聚伞花序，外围有大型不孕花，花冠白色。核果近球形，红色。花期5～6月；果期9～10月。

生态习性　原产于欧洲。我国北方地区多栽培。喜光，也耐阴；喜温暖、湿润环境，耐寒，耐旱；适宜肥沃、排水良好的土壤。

繁殖方法　播种、扦插、分株繁殖。

🪣 **欣赏应用**

欧洲荚蒾株形优美，花白色，果及秋叶红艳，是叶、花、果俱佳的秋色叶类红（紫）色叶彩叶树种。园林中可丛植、片植或作绿篱；也可用于楼前、房后、树下等环境下种植观赏。

▲ 丛植秋色景观

▲ 植株

▲ 植株（秋色）

▲ 果实

59 | 天目琼花 *Viburnum sargentii*

科属 忍冬科　荚蒾属　　**别名** 鸡树条荚蒾

形态特征　落叶灌木，高达3 m。单叶对生，叶片卵形至卵圆形，先端常3裂，裂片先端渐尖，叶缘具不规则的粗齿；成叶深绿色，秋叶变成橙红色。复伞形聚伞花序顶生，边缘具大型不孕花，白色。核果近球形，鲜红色。花期5~6月；果期8~9月。

生态习性　产于我国东北南部、华北、华东、华中地区。喜光，半耐阴；耐寒、耐旱；对土壤要求不严格。

繁殖方法　播种繁殖。

欣赏应用

天目琼花姿态优美，花白果红，秋叶红艳，为秋色叶类红（紫）色叶彩叶树种。常丛植、篱植于园林中的草地、林缘及背阴处栽培观赏。

植株 ▶

◀ 花序　　　◀ 叶片（秋色）　　　▲ 绿篱配置秋色景观

季色叶彩叶植物

60 红花锦带花 *Weigela florida* 'Red Prince'

科属 忍冬科 锦带花属　　**别名** 红王子锦带花

形态特征 落叶灌木，高达3 m。单叶对生，叶片椭圆形至卵状椭圆形，先端锐尖，基部圆形至楔形，叶缘有细锯齿；成叶绿色，秋叶变成橙红色。花1～4朵成聚伞花序，鲜红色。花期4～5月；果期9～10月。

生态习性 产于我国东北、华北、西北、华东等地区。喜光、耐半阴；耐寒，适应性强；适宜深厚、肥沃、湿润而腐殖质丰富的土壤。

繁殖方法 扦插、分株、压条繁殖。

花　絮 花语为前程似锦，绚烂，美丽。

🌊 欣赏应用

红花锦带花枝叶茂密，花色鲜红艳丽，秋叶红艳，为秋色叶类红（紫）色叶彩叶树种。适宜庭院墙隅、湖畔群植；也可在树丛林缘作花篱、丛植配置。锦带花对氯化氢抗性强，是良好的抗污染树种。

▲ 植株

▲ 绿篱秋色景观

◀ 叶片（秋色）

◀ 花枝

中文名笔画索引

汉语拼音索引

拉丁学名索引

参考文献

1. 郑万钧 . 中国树木志 (1-4 册)[M]. 北京 : 中国林业出版社 , 1983-2004.

2. 河北植物志编辑委员会 . 河北植物志 (1-3 册)[M]. 石家庄 : 河北科学技术出版社 , 1986-1991.

3. 贺士元 , 邢其华 , 尹祖棠 . 北京植物志 (1-2 册)[M]. 北京 : 北京出版社 , 1984-1992.

4. 孙立元 , 任宪威 . 河北树木志 [M]. 北京 : 中国林业出版社 , 1997.

5. 赵田泽 , 纪惠芳 , 吴京民 . 中国花卉原色图鉴 (1-3 册)[M]. 哈尔滨 : 东北林业大学出版社 , 2010.

6. 张天麟 . 园林树木 12000 种 [M]. 北京 : 中国建筑工业出版社 , 2010.

7. 任宪威 . 汉拉英中国木本植物名录 [M]. 北京 : 北京出版社 , 2003.

8. 陈有民 . 园林树木学 [M]. 北京 : 中国林业出版社 , 2011.

9. 刘燕 . 园林花卉学 [M]. 北京 : 中国林业出版社 , 2020.

10. 包满珠 . 花卉学 [M]. 北京 : 中国农业出版社 , 2011.

11. 刘与明 , 黄全能 . 园林植物 1000 种 [M]. 福州 : 福建科学技术出版社 , 2011.

12. 朱老发 , 杨朝霞 , 张曼 . 彩叶植物栽培技术及园林应用 [M]. 北京 : 中国农业大学出版社 , 2017

13. 李作文 , 刘家祯 . 园林彩叶植物优选择与应用 [M]. 沈阳 : 辽宁科学技术出版社 , 2010 .

14. 王铖 , 朱红霞 . 彩叶植物与景观 [M]. 北京 : 中国林业出版社 , 2014.

15. 金波 . 花卉资源原色图谱 [M]. 北京 : 中国农业出版社 , 1999

16. 赵世伟 , 张佐双 . 中国园林植物彩色应用图谱 [M]. 北京 : 中国城市出版社 , 2004

17. 闫双喜 , 刘保国 , 李永华 . 景观园林植物图鉴 [M]. 郑州 : 河南科学技术出版社 , 2013

18. 贺风春 , 任全进 , 郑占锋 , 刘仰峰 . 500 种常见园林植物识别图鉴 [M]. 北京 : 中国农业出版社 , 2020